LOCUS

LOCUS

LOCUS

LOCUS

後期U-2R型， 於棚廠做檢修，攝於1967年（劉東明提供）

翼展103呎的U2-R型，攝於1960年代（詹文生拍攝）

U2-R，右方為通訊指揮車，攝於1960年代（詹文生拍攝）

黑貓中隊的士官長詹文生駕著T-33拍攝飛行中的U-2，攝於1960年代

黑貓中隊結束前最後六位飛行員，和美國U-2飛行員合影於1974年

停放在Laughlin空軍基地門口的U-2，是早期機型，還是原本的銀色機身（1999年攝於美國U-2年會，楊世駒拍攝）

對飲者為沈宗李和美國空軍主管U-2任務的Russ將軍，中間為空軍參謀長金安一（攝於1970年2月隊慶）

帥氣的黑貓隊員。從左至右為：李伯偉、沈宗李、王濤、楊世駒、莊人亮、王太佑、范鴻棣、劉宅崇、黃七賢

第一批黑貓中隊飛行員和老蔣總統合照. 從左至右為：張育保（6大隊飛行員）、陳懷、王太佑、盧錫良、 陳嘉尚（當時空軍總司令）、衣復恩、楊世駒、華錫鈞、郗耀華（楊世駒提供）

黑貓中隊飛行員和當時擔任國防部部長的經國先生合照。從左至右為：鄒燕錦、楊紹廉（當時空軍總部參謀長）、高魁元（當時國防部參謀總長）、張燮、蔣經國、賴名湯（當時空軍總司令）、楊世駒、莊人亮、范鴻棣（范鴻棣提供）

四〇年代末期的桃園空軍基地，右側線條為跑道（鄒寶書珍藏）

1963年底，桃園基地新棚廠啟用（楊世駒提供）

mark

這個系列標記的是一些人、一些事件與活動。

mark 83 黑貓中隊：七萬呎飛行紀事
作者：沈麗文
責任編輯：繆沛倫　美術編輯：林家琪
內頁插圖：邱怡華
法律顧問：董安丹律師、顧慕堯律師
出版者：大塊文化出版股份有限公司
台北市105南京東路四段25號11樓
www.locuspublishing.com
讀者服務專線：0800-006689
TEL：(02) 87123898　FAX：(02) 87123897
郵撥帳號：18955675　戶名：大塊文化出版股份有限公司

總經銷：大和書報圖書股份有限公司
地址：新北市新莊區五工五路二號
TEL：(02) 89902588 (代表號)　FAX：(02) 22901658
初版一刷：2010年2月
初版六刷：2019年11月
定價：新台幣 280元
Printed in Taiwan

國家圖書館出版品預行編目資料

黑貓中隊：七萬呎飛行紀事/沈麗文著 -- 初版.
-- 臺北市 ：大塊文化, 2010.02-　面；　公分. -- (mark ; 83)
ISBN 978-986-213-163-3(平裝)

1.空軍 2.文集 3.中華民國

598.8　99000999

黑貓中隊

七萬呎飛行紀事

沈麗文 著

謹獻給
父母
以及　歷經戰亂的那一代

目錄

推薦序

中華民國空軍U－2的事蹟是一個謎，儘管早已事過境遷，但眞相仍鮮爲人知；因此U－2的事蹟是被猜測得最多，而眞相卻被了解得最少的一件歷史公案，許多道聽塗說的論述，不但模糊了眞相、也扭曲了事實，僅增添一些神祕感而已。

本人已行年九十有六，對往事記憶模糊，唯獨對當年（一九六四至一九六九年期間）在空軍參謀長及副總司令任內，有幸直接督導此最高機密之U－2任務，親自經歷此一偉大的作業，深切感受其任務之艱鉅、犧牲之重大、成果之豐碩，以及飛行員勇往直前、視死如歸的忠勇情操，至今仍點滴在心頭，不敢或忘。

本書作者沈麗文乃黑貓中隊飛行員沈宗李的女兒，生長於空軍之家，從小耳濡目染，早已對空軍事蹟有深刻的認知。她不辭辛勞，奔波國內、外各地，走訪與U－2眞正有關的人物，蒐集到第一手不爲人知的資訊、以及許多當年禁忌的話題，精心整理後作有系統之報導，當然格外傳神。她不但替大家解開U－2之謎，同時也替我卸下了心頭重擔，因爲我一直感到有不容青史盡成灰的責任，如今看到這一史實能與飛行同好分享，不亦快哉，欣喜之餘，特爲之序！

前空軍副總司令，國防部次長

楊紹廉

推薦序

不知道爲什麼，我從小就對軍人印象深刻。父親在浙江省東陽縣擔任縣長時，有回檢閱國民兵，我吵著一起去，硬是讓大人幫我做了一套小軍服，騎在馬上跟父親一同檢閱。後來躲避日本戰亂，從江南逃難到四川，又因爲國共戰爭，跑到香港、再到台灣。跑了這樣幾萬哩路，沒有坐過一次飛機，也不知道爲什麼對飛行有興趣，在台灣考進空軍官校，可能是年輕的一個夢想吧。後來在一次國軍楷模會中碰到莊人亮，問我有沒有興趣飛U-2，一來出於好奇，一來大概也出於好勝心，當場就答應了，後來也眞的通過重重考驗，正式成爲黑貓中隊的一員。

我雖曾直接參與，但因不擅文墨，心有餘而力不逮，卻一直有此心願，盼能將這段不尋常的史實公諸於世，遂連哄帶騙，小女麗文終於答允接下這工作，決心將曾經執行U-2任務的叔叔伯伯們冒險犯難的故事及箇中甘苦作詳實報導。可能因爲她做過記者的緣故，往往為了一個小小的情節或人名、地名，就立刻以長途電話或e-mail向相關人士求證，務使本書確實；無奈由於此事當年過於機密，結束業務後，也沒有單位完整蒐集三十五中隊的相關事蹟，能找到的資料彼此之間也小有出入，的確不是件容易的工作。

是我鼓勵她撰寫此書的，這些年看到她的付出，現在終於完整公諸於世，我衷心的感謝，要在這裡說一聲：辛苦啦！同時我也願意利用這機會，向那些曾參與此一偉大工作的長官及伙伴們，致上最高敬意！

前黑貓中隊飛行員
沈宗李

序言

U-2偵察機，號稱全世界最難駕馭的飛機之一。自一九五五年問世，到目前（二〇一〇年）爲止，超過半世紀以來，全球總共只有近千人飛過。

除了原產地——美國之外，只有中華民國和英國的飛行員接受過U-2飛行訓練，而後者從未眞正實際執行任務。

黑貓中隊，是U-2在台灣的家，編制爲「三十五中隊」。

從一九六一到一九七四的十三年間，共有二十八名中華民國飛行員加入黑貓中隊，其中十人殉職，兩人在中國大陸遭擊落被俘。

我從未將這充滿神祕、還有個浪漫別號——蛟龍夫人——的飛機，和我兩、三歲那時父親的工作聯想在一起。他不是喜歡炫耀的人，也從不對子女搬出「這哪叫辛苦？（或者，這算什麼危險？）想當年……」這類的戲碼，否則，我早就會聽說他們的種種故事了。

一直到一九九〇年，在中國大陸被俘的葉常棣和張立義返回台灣，我才從許多報導中赫然發現，當年那些鄰居叔叔伯伯們，原來都是U－2飛行員。而且，由於歷史使然，他們可能是中華民國空軍史上，空前絕後的一批。

但是，在碰到有人（比如我）以無比崇敬的眼光或言語詢問時，他們總會搖手笑著說：「唉呀，也沒什麼啦！就是好玩嘛！」

所以你可以想像採訪有多困難，在談到那些驚心動魄的生死關頭時，他們總是輕描淡寫帶過，彷彿那是無關緊要的小事——雖然這其實是在他們飛行中，經常可能面對的問題。

也幾乎沒有聽到什麼抱怨。

倒是在講到U－2有多難飛、要拿出什麼樣的技術來應付時，所有人才精神大振，彷彿在告訴我：這才是重點嘛！其他都小事啦！

什麼叫做承擔！我算是幸運的吧，從一些老空軍身上，還看到了這種在現代社會已黯淡失色的品格。

半世紀只在一眨眼間。山頂村眷村早被拆除，桃園空軍基地已改爲海軍航空基地，往昔

U-2朝暮起降的跑道也確定將廢除，眼看黑貓中隊的歷史逐漸從「機密」變為「傳說」。我這一代已只是耳聞而不知其詳，看看活潑好動有乃父之風的四歲小侄兒，等他們長大後，還會回頭關心祖父輩的這段歷史嗎？

這也是我覺得有責任完成這本書的理由，但在收集資料時，也的確曾被一堆我毫無所知的飛行程序、專有名詞，以及複雜的歷史嚇得想打退堂鼓。八年間，寫寫停停，也一改再改，幾度想作罷；但每次拿起初稿，再看看他們每一個人的故事，除了仍被深深吸引外，也覺得是虧欠他們的，除了虧欠他們向我說故事所花的時間、以及對這本書的期待，更覺得是整個時代虧欠了他們的。欠他們一筆在歷史上的記錄。

開始進行採訪，是在母親過世後不多久，半為平復情緒，父親和我四處閒晃，跑了美國和台灣幾個地方，找過去的老隊友聊天並收集資料。一路上，他充當私人教官和領航員，向我解釋如何流暢地起飛，如何優雅地保持平衡，如何認眞但放輕鬆的把事情做好，又該如何沉著面對挑戰——不僅在寬廣的藍天上，也在人生的每一步！

第一章

外星人夜訪

「如果你期盼的是絕對的安全，那最好還是坐在庭院的長椅上，看看鳥兒飛翔就好了。但假如你眞的想學點東西，就必須造一架可以飛的機器，確實去實驗飛行。」

——韋伯．萊特 (Wilbur Wright 1867-1912)

雖然還是仲夏，科羅拉多州山間的深夜，已頗有涼意。

僅有數千人口的科爾特斯市早已沉入夢鄉，小小的山城裡一片寂靜。蒙特祖瑪郡上唯一的小機場還亮著燈，在這裡起降的多半是私人用途的輕型機，雲雀的造訪還比飛機來得頻繁。

機場經理強斯頓（Johnston）在辦公桌前伸個懶腰，抬頭望望牆上的掛鐘，已近午夜，再過幾分鐘就可以熄燈回家了。

他和唯一留守的通訊員一面收拾、一面有一搭沒一搭地閒扯著，通訊員不知說了句什麼，兩人哈哈大笑。

忽然間，大門碰地一聲大力推開，兩人一驚，抬眼望去，更嚇得寒毛直豎，以爲外星人入侵地球了。只見那「外星人」一身綠，頭臉罩在金魚缸似的白色頭盔裡，嗚哩哇拉的不知說著那方星球話。

十二年前，隔鄰的新墨西哥州羅斯威爾（Roswell）地區曾傳出有不明飛行物墜毀，都說是飛碟，眾人繪聲繪影的喧揚一時，可別又來一次。

楊紹廉解說「部份壓力衣」

稍稍定下心來，再仔細看去，那「外星人」全身從脖子到腳，裹在一件綠色連身服裡，手上包著厚厚的大手套；從那密閉頭盔裡，彷彿隱隱傳來一連串英語。

喊著喊著，「外星人」也終於發覺隔著頭盔說不清楚，一把掀開面罩，露出一張東方面孔，嘴裡兀自嚷著，一邊比手畫腳地指著辦公室外面。強斯頓小心地走到門口探頭出去，一架他從未見過的奇特飛行物，伸展著長長的雙翼，如同一隻疲憊的翼手龍般，安靜地臥在機場跑道上……

那是一九五九年的八月間。自從兩年前（一九五七年），蘇聯成功發射人類史上第一枚人造衛星史普尼克（Sputnik），之後又利用人造衛星將一隻狗送上太空後，便開始了美蘇之間沒完沒了的太空競賽。

當時冷戰方熾，強斯頓知道對這類軍事機密最好別多過問，只是幫忙撥了通電話到空軍基地，並誠摯的邀請這位不速之客回家過夜。

第二天一早上班時，小小的機場跑道上，赫然又多了一台龐然大物，機腹幾乎有一個羽球場寬，正是美國空軍的C-124運輸機。

一組工程人員，圍著那架怪異的飛行物，正忙碌地卸下它巨大的雙翼，剩下圓滾滾雪茄似的機身，看起來頗爲滑稽。最後一股腦兒將一切裝進C-124腹艙中，連根螺絲釘都沒留下。陽光照耀下，跑道上氤氳的熱氣如水影般晃漾。強斯頓站在陽光中，不由得懷疑這整個景象只是海市蜃樓，恍如做了場怪夢。

在那個夏日裡，他很巧合的目睹了這幕美國政府的最高機密。那個年代，就連美國軍方，曾親眼目睹這架傳聞中的飛行器的人，只怕也不多。

他哪裡想得到，那名「外星人」飛行員，雖然不是來自什麼外太空，可也離得夠遠，遠自地球另一頭的中華民國。

Top Secret

一九五九年的中華民國，避居一隅不過十年，尚處於內戰戒備狀態，軍方沒敢閒著，此刻，空軍總部情報署裡兀自忙得不亦樂乎，副署長衣復恩辦公室裡放著一張大桌子，上頭堆滿書信，唯一倖免於信件侵佔之處，擺著一檯打字機。

包炳光從打字機後面直起身來，伸了個懶腰，看看時間，差不多該出發了。他從泰國調回來之後，任職情報署聯絡科禮賓官，頗得衣復恩信任，讓他在辦公室幫忙處理英文書信，這陣子正忙於接待外賓。

說起這群打美國來的七人小組，身分和行動都相當神祕，不久前才直奔陽明山向老蔣總統做簡報。據說呈上兩張相片，看得老總統大樂：一張是西藏布達拉宮，另一張則是新疆羅布泊。

次日，七人小組領頭的蓋里（Gali）將軍，指名參觀台中清泉崗空軍基地。到了台中，基地高層軍官問起他們打哪兒來，包炳光隨口答覆是來自琉球的美軍基地。才說完，自己也知道這謊不高明，清泉崗正是琉球的美軍幫忙設計的，還需要來參觀嗎？

後來又領著這群人去了桃園基地，那兒只有一個老棚場，蓋里要求參觀駐守的照相隊，才發現打從南京移到此處，這照相隊的設備就沒更新過，甚爲老舊。包炳光不知他們打的什麼主意，當然也不便多問。

一口廣東口音、個頭不高的包炳光，曾飛過蚊式轟炸機（Mosquito），卻毫無普通飛行員的毛躁，個性含蓄謹慎，待人又極客氣——要在情報署署長辦公室工作，「含蓄謹慎」確爲首務。

這批人回去後不久，美國海軍情報機構NACC即和衣復恩聯絡，提出一個合作計畫；文件上說，美方可提供「2 vehicles」。包炳光心想，這詞用得妙。和飛行有關，不說兩架「飛機（airplane）」，卻說兩架「交通工具（vehicle）」。但情報工作就是這樣，就連NACC還不也只是個代名?至於文件上的另一個名詞「razor」，他翻譯做「快刀計畫」。雙方幾番文書往來，都和空軍任務有關，都列爲最高機密。

大凡情節神祕複雜的諜報案，必有壯闊的時代背景爲烘托。將全球大半國家捲進去的二次世界大戰，即使結束後，兩大陣營仍對壘長達半世紀，形成冷戰局面。一邊是東西疆域橫跨十個時區的蘇聯大帝國，另一邊是新崛起的超級勢力——美利堅合眾國，兩大主角各自領軍，彼此猜疑，暗中較勁。

想要打探對方狀況，尤其是軍事發展程度，不可能依靠阿嘉莎．克麗絲蒂偵探小說中包打聽型的瑪波姑媽；即使出神入化如電影〇〇七情報員詹姆斯龐德，想要深入敵後、窺伺北大荒情形，爾後全身而退，也不是件容易事。

尤其蘇聯在一九四九年驚天動地的原子彈試爆後，更使美國打定主意，必要弄清楚對手實力，無奈衛星科技仍嫌粗糙，拍不到清晰的相片。正可說是，傳統情報員無用武之地，高科技又使不上力。

自古以來的傳統戰事中，兩軍對峙時，哨兵都需佔據高點以便觀察敵營動靜；有了飛行器之後，視野更是大為升高。美國在十九世紀末期的內戰中，就曾利用熱汽球升空來刺探對方在山後部署的情形。到了五〇年代中期，美國軍方又如法炮製，在熱汽球上裝置相機，藉助風力飛向東歐、蘇聯與中國大陸，希望收集一些畫面。但可想而知，放出容易收回難，送出五百一十六枚熱汽球，僅收回四十六枚。

而蘇聯在成功製造原子彈之後的五年內，不僅又造出氫彈，還發展出長程戰略轟炸機，並大幅改進飛彈技術。一方面嚴格把守領空，不容任何人跨越雷池，同時不忘對外放話，吹噓自己的軍事實力。

就在這種不安疑懼的氣氛中，美國總統艾森豪終於同意國防部定名爲OVERFLIGHT的行動計畫，下令研發新一代的高空偵察機。

在這之前，美國空軍也曾嘗試改裝轟炸機來刺探敵情，但它最多只能飛到四萬多呎，米格機不費吹灰之力即可將它擊落。因此理想中的新式偵察機，必須至少能飛到七萬呎高空，遠超過所有飛彈和敵機的攀升高度，才可能平安完成任務。

這個構想，回應了德國陸軍將領弗里希（Werner von Fritsch）在第一次世界大戰中的大膽預言：「擁有最佳空中偵察設備的國家，將是下一場戰爭的贏家。」

天使

一九〇三年，萊特兄弟在美國北卡羅萊納州成功的御風飛行，並平穩地降落在該州的小鷹市（Kitty Hawk），實現了人類千年以來的夢想，也從此改變了人類的視野。

此後，飛行設備和儀器一再改良，飛行技術也不斷進步，地心引力早已無法限制人類的創造力。

然而，離地七萬呎，卻是前所未有的挑戰。

首先，這已經屬於內太空的範圍，空氣稀薄而乾燥，連雲層都無法聚集，而且溫度奇寒，約莫攝氏零下六、七十度。在這樣的低溫中，一般的飛機燃油都會因結冰而無法繼續燃燒。

當艾森豪決定發展高空偵察機時，曾有四家飛機製造廠提出設計草圖。其中，洛克希德（Lockheed）公司的總工程師強森（Clarence L. [Kelly] Johnson）知道機翼是重要關鍵，因此考慮採用尚在試飛階段的戰鬥機F-104機身，並且搭配上長翅膀。他的設計概念多半以滑翔機爲藍圖，因此機翼和尾翼都可以拆卸重組。

這款設計，空軍方面不怎麼欣賞，卻獲得中央情報局（CIA）的青睞。一個由頂尖科技人才組成的特別審查小組，在長達近半年的反覆評估後，終於決定採納強森的設計圖。

一九五四年聖誕節前夕，CIA正式和洛克希德公司簽約，以兩千萬美元的金額，訂購二十架這款飛機，約定開工八個月後交貨。

方頭大耳的強森，是航空界知名的設計奇才，曾設計過四十多型飛機。他所帶領的團隊，曾製造出當時速度最快、飛得最高的超音速戰鬥機F-104——Starfighter。

像這樣的人，當然受不了官僚作風那一套。他手下有一批全公司最優秀的工程師，專門負責機密計畫，享有高度自治權；因爲刻意遠離其他部門，而自嘲爲「臭鼬工廠（Skunk Works）」。

在「臭鼬工廠」八十一位工作人員日夜趕工下，三個月後，原型機問世。這架純手工打造的原型機，展露無比優雅的線條，尤其它寬闊修長的雙翼，展幅長達八十呎（二十六公尺），彷彿眞的能帶領人類觸碰天際。

工作人員暱稱它爲——「天使（Angel）」！

最初，這架原型機並沒有正式名稱，它在洛克希德公司的代號爲「Article 341」或「Angel（天使）」。在六〇年代被公諸於世之後，新聞界依據它的外表，稱呼它爲「The Shady Lady（黑夫人）」。當時報上正長期連載著一個以中國沿海爲背景的冒險漫畫「泰瑞與海盜（Terry and the Pirates）」，其中有一名神祕冷艷的東方女寇，後來率領地下組織對抗共黨。美國空軍有人靈機一動，從此以這個主角的名號來稱呼U－2，那便是「Dragon Lady」——蛟龍夫人！

美國空軍收到這款新飛機後，將番號訂為「U－2」，是「Utility 2」——「多功能二號」的意思。

空軍番號通常以「R」（Reconnisance之意）做為偵察機序號的開頭；「F」（Fighter）代表戰鬥機，「C」（Cargo）則是運輸機，對於尚未正式命名的，則以「Y」為開頭字母。軍方不願洩漏它是偵察機的事實，因此未以「R」命名，而含混地將它歸於「Utility」（多用途）一類，當時軍中已有兩款所謂多用途飛機，分別為U－1和U－3，它也只好將就的成了「U－2」。

U－2完全是為了因應現實，在美國迫切需要了解蘇聯軍事情況下所製造的。打一開始，設計師就沒抱著要「長久使用」的想法。

當時美國有部分高層官員顧慮，如果軍方偵察機飛進蘇聯，一旦被發現，這種入侵領空的行爲，是怎麼樣也難以自圓其說的。艾森豪總統也同意這個觀點，並以書面指示：「If uniformed personnel of the armed services of the United States fly over Russia, it is an act of war—legally—and I don't want any part of it.（如果身著軍服的美國軍人飛越蘇聯，依法而言，是戰爭行爲，我可不想惹這麻煩。）」（註1）

經過幾番思索，最後決定，機上不配備武裝，同時傾向交由中情局主導，賦予飛行員「平民」身分做爲掩護。這樣，即使被擊落，也只會被視爲一般間諜活動，而不會被當成軍事挑釁行爲。於是，空軍退居支援性的角色。

中情局接手U-2後，不遺餘力的爲它去除軍方色彩，不免先改頭換面一番。首先將它的尾翼漆上NASA（美國太空總署）標誌，並對外宣稱這是太空總署用來研究氣象的新式飛機。

至於召募飛行員，除了從空軍轉調之外，也向海軍甚至海軍陸戰隊等不同單位尋求。轉調過來的飛行員都特別先辦理退伍手續，以平民身分受雇於洛克希德公司，但實際上由中情局支付薪水。這些飛行員不稱爲「pilot」而稱「driver」，倒也符合U-2的特異行徑。

即使如此，艾森豪還是猶豫不決，遲遲無法下決心派遣U－2出任務，唯恐一旦被對方發現，除了可能挑起戰火，還會招致國內外同聲譴責。

然而，中情局卻認爲，以蘇聯的雷達性能，至少在兩年內，都還無法搜索到那麼高的空中，中情局局長杜勒斯（Allen Dulles）甚至告訴艾森豪，就算U－2在蘇聯境內失事，飛機也多半會解體，飛行員逃生的機會不大，對方又如何證明這架飛機來自何處？

承擔任務風險的U－2飛行員，自然不會知道高層打的這個如意算盤。於是，一九五五年問世的U－2，隔年夏天首度上陣，原本計畫冒充爲氣象偵察中隊，由英國起飛，但英方高層臨時改變主意，於是改由西德威斯巴登空軍基地出發，前往列寧格勒。

這一趟歷時八小時四十五分鐘的偵察任務非常成功，拍攝到潛艇製造廠和幾處空軍基地。但接下來的幾次任務，證明中情局一開始便估計錯誤：其實蘇聯的雷達可以偵測到U－2，只是一時還無法確實掌握它的行蹤；而往好的方面想，至少證實戰機無法飛這麼高來進行攔截。

U－2對東歐和蘇聯的偵察行動，前後持續了四年，直到鮑爾斯（Gary Powers）在斯洛伐克附近被擊落才告停。

快刀計畫

U－2這個神祕機種，除了美國飛行員之外，也曾有數名英國軍官被派往美國受訓，但從未眞正執行任務。全世界，除美國本身以外，只有中華民國空軍實際參與了這段傳奇的冒險故事。

蛟龍夫人如何踏上東土？又怎麼變成了「黑貓」？這一切，當然還是得回溯到冷戰的時空背景。

一九五〇年初夏，北韓軍隊越過北緯三十八度線，開啓了爲時兩年的韓戰。這場戰役，不僅使美國恢復對國民政府的經濟和軍事援助，同時派遣第七艦隊協防台灣，並於一九五四年簽訂「中美協防條約」，台灣自然被劃入「自由世界」陣營。而美國對蘇聯採取的圍堵政策，也從此延伸到太平洋地區。

得到美國經濟援助的台灣，逐漸崛起。到了五〇年代底，開始轉型爲出口導向，紡織和水泥兩大工業興起，整體經濟蓄勢待發。同一時期的中國大陸卻正動盪不安，西藏地區和中印邊界陸續發生衝突，一九五八年又推行猶如鬧劇般的「大躍進」政策。

到了八月間，台海兩岸爆發八二三炮戰，估計約有四十八萬發炮彈落在金門地區。依據「中美協防條約」，美國第七艦隊立即進入備戰狀態，並暗中派遣U-2前往中國海岸進行偵照。

這年夏天，威力強大的颱風「溫妮」在台灣肆虐，驚天動地之勢，彷如預告著即將上演的冒險事蹟。居民走避之餘所不知道的是，U-2還曾飛升至颱風上空，觀察它的動向，倒也應了它為掩飾身分而充當NASA的氣象研究機。

在台海局勢緊張的時刻，美方要派遣U-2偵察，只能從日本琉球的美軍基地起飛，或許這也使美方意識到有必要和台灣合作。

再說，中國大陸在蘇聯老大哥協助下，已經在北京附近設立實驗性的重水製造廠，開始研發原子彈。這不免勾起美方顧慮，「或許也該留意一下這個對手了」。

衣復恩與洛克希德公司代表

這便是包炳光領著美國派來的七人小組，在台中與桃園基地「考察」的原因了。

這當然不是中美雙方第一次進行軍事合作，不過以往都是由軍方負責聯絡，而這項代號爲「快刀計畫」的合作案，卻直達雙方最高層；所有任務計畫，都必須經過雙方元首同意才能執行。後來在老蔣總統授權下，改爲直接向當時擔任國防會議副秘書長的蔣經國報告，並由情報署署長衣復恩負責執行。空軍當局完全被排除在外，甚至連總司令都無權干預。而國防部長俞大維則從一開始就持反對態度，不同意讓中華民國空軍去執行這樣危險的任務。

「快刀計畫」的內容，是中美雙方合作在中國大陸進行高空偵察照相任務，並分享偵照成果。美方提供飛機，並負責維修和後勤支援（補給品當中，最重要的就是飛機燃油JP-7）；台灣方面，當然就是派遣飛行員和提供基地設施。

其實，在考慮成立U-2基地時，美方考察團比較欣賞台中清泉崗（CCK）機場的設計，但這裡軍機起降太頻繁，而且已經有美國空軍駐防，較難保密。相形之下，桃園基地就沒有這些問題，而基地內原本就有負責偵察照相的六大隊，略具基本設備，同時距離台北不到三十公里，和高層聯絡比較方便。

有了腹案後，包炳光又曾領著化名爲柏臨（Danny Perling）（眞名Daniel Poston）的美軍官員前往桃園。到了基地的美軍招待所，只見裡頭陰暗而冷清，兩、三名美軍軍官無所事事地坐那兒喝咖啡。基地招待所負責人見他們大剌剌地闖進來，還指東道西，不免動氣：「怎麼沒人告訴我有人要來看？」柏臨冷冷地回了句：「You will be notified.（會有人通知你的！）」

即將成爲U－2在台灣的第一位美方負責人柏臨，心中已打定主意，第一步工作，就從翻修這招待所開始。

沙漠中的基地

美方代表在台灣忙著籌劃，三十五歲的楊世駒，卻遠在美國南方沙漠中，一頭霧水。

來到洛佛林（Laughlin）基地，是段漫長的旅程。經過顛簸的長途飛行不說，剛抵達加州沙加緬度市（Sacramento），立刻改搭巴士前往舊金山轉機，飛向德州的聖安東尼奧市（St.

Antonio）。下了飛機，在沙漠的燠熱中，還來不及欣賞這座饒富西班牙風情的古城，就又擠進車裡再晃盪兩個多小時，直奔德州西南角的墨西哥邊境。只見景色愈來愈荒涼，觸目盡是乾涸的漠土。

長途奔波也就罷了，只是心中疑團難解。在一九五九年這年春天被派到美國受訓前，已先經過一連串的測試，從多次體檢、面談，一直到測謊試驗，不知從多少飛行員當中篩選出十二人，再一起送到琉球接受低壓艙的高空測試。

被關在桶狀的壓力艙中，控制台將艙內空氣慢慢抽出，使氧氣愈來愈稀薄、氣壓也愈來愈低，最後維持在四萬呎高度的壓力狀態，然後觀察他們的承受狀況。

總覺得有點像實驗室裡的白老鼠，他心裡嘀咕著。

在壓力艙測試之後，又淘汰了一半的人。這次一起赴美的六人當中，楊世駒、陳懷是六大隊RF-84F偵察機的老戰友，郗耀華和王太佑來自一大隊，華錫鈞來自三大隊，還有另一位十一大隊的飛行員（註2）。

什麼樣的任務，需要經過這麼嚴格的挑選？不管怎麼說，總不會是挑太空人吧？但那又何必做什麼低壓艙測驗？當初空軍總部派人到隊上挑選飛行員時，也是語焉不詳。原本以爲只要來到洛佛林空軍基地，就可以揭曉謎團，哪知道基地到處神祕兮兮的，抵達之後也不准和家人連絡，過了整整一個月，才被允許寫信回家報平安。

初來乍到，六人被矇在鼓裡，卻也不便打探，只是心中納悶：不是說來這兒受訓的嗎？怎麼連架飛機都沒摸到邊。幾個月下來，不是學英文，就是上一些有關當地飛行航管程序和天文航行技術的課程。

中間閒來無事，竟然又來一次徹底的體檢。雖然覺得有點莫名其妙，大家也只能自我解嘲地說，不管此行目的如何，經過這麼多次仔細的體檢都還沒被淘汰，起碼能證明自己體格是優等中的優等吧。

壓力衣

又一日，忽然他們又被帶離德州，雖然不知道去哪兒，總比每天看著黃土沙漠好。飛機一路朝向東北，經過草原、城鎮，看到山脈、河川，竟來到大西洋岸。好久沒進城了，美國公路筆直，現代化的設施令人眼前一亮，新英格蘭區有山有水兼具藝文氣氛，和粗獷的南方截然不同。

到了麻薩諸塞州，卻沒進入繁華的波士頓，車子逕自開往城郊的渥徹斯特（Worcester）區，不一會兒，來到一間工廠。進了大衛克拉克（David Clark）公司，迎面一排女工正俯身縫紉機前忙著車衣服，手上拿的……那不是女人的束腹嗎？

雖說至今沒有一件事情摸得透，但這也可眞讓人看傻了眼，尤其，竟然有人招呼他們到後面量身……

就算是巴黎那間專門製作高級男仕襯衫、以手工精細聞名的夏維（Charvet）服裝店，恐怕也不會對顧客做如此精確的測量吧。從頭型開始，頭圍、頸椎長寬、肩膀、上臂到肘、肘到手腕，甚至每根手指的關節長度都要一一度量。這一量，就是三天！

來美國這一趟，稀奇古怪的事著實不少，若不是走這一遭，何嘗聽說過什麼壓力衣？待試穿時，才曉得如此大費周章，原來就是爲了縫製這套服裝。

尼龍質料的連身衣裡，身上不說，從肩膀到手腕以及整個腹部，都裝有橡皮軟管；在手肘

U-2的壓力衣和維生系統裝備，都是後來太空計畫的先驅

和膝蓋等關節部位，更是加倍綁緊。還有個魚缸似的頭盔，用鋼環卡在連身衣上，再加上厚重的大手套、厚重的皮靴，恨不得多長兩隻手臂才好穿脫，所幸一旁都有人耐心協助。

在平地環境下，還看不出這套連身服的特別之處，唯有在高空方有它用武之地，於是一行人又被關進低壓艙做試驗。這回，將低壓艙內的空氣抽出到相當於八萬呎的高空狀態，以確保這身裝備合身而有效。

通常，隨著高度增加，空氣愈來愈稀薄，大氣壓力也會隨之遞減。人體若是曝露在六萬呎以上的高空，體內血液將急速膨脹，導致血管爆裂，無人能倖存，因此機艙內需要適度增壓。

而假使引擎熄火或其他問題導致機艙失壓時，壓力衣就是飛行員唯一的護身符了。一旦機艙失壓，衣內的橡皮軟管就會自動充氣，緊繃在身上，以維持體內壓力，頭盔中也將繼續供應氧氣。因爲重點在保護腹部和手腳，所以稱爲「部份壓力衣」（partial pressure suit）。

每位飛行員都有個人專用的壓力衣，衣領上寫著個人編號，完全量身打造，不容一絲馬虎。只要有一處不合適，甚或一點點微細的裂縫，都可能導致嚴重的後果。

製作頭盔更是大意不得，先用石膏按照個人頭骨形狀製成模子，再根據模型以玻璃纖維來製作，戴起來必須完全和頭部密合，即使稍微有點緊，在平地還不覺得，但在高空飛行數小時後，卻可能造成嚴重頭痛。

然而，無論多麼仔細地量身打造，穿著壓力衣都不是件令人愉快的事。每個人在做完低壓艙測試、脫下壓力衣後，都會不自由主倒抽口冷氣，只見身上東一道西一道瘀血交錯，不知情的，會以爲他們在新英格蘭受了什麼酷刑呢。這些瘀痕，都是壓力衣內的橡皮軟管加壓勒出來的。

需要動用壓力衣，必定是要到那樣的高度，但從來沒聽過哪架飛機能飛到那麼高啊！大家滿腹狐疑，卻也知道答案即將揭曉。果然，返回洛佛林空軍基地後，終於了解，他們前來，原來是爲了神祕的「蛟龍夫人」。

原本駐守在洛佛林空軍基地的，是美國四〇八〇戰略空軍氣象偵察聯隊。一九五七年在這處隱密的角落悄悄成立了四〇二八中隊，是當時美國空軍唯一的U－2單位。任務之艱險，被高掛在牆上的中隊標誌一語道破——「Towards Unknown（朝向未知）」。

但楊世駒等人此時還並未眞正了解，他們將飛向什麼樣的未知之境。

駕馭蛟龍

想要保密，自然愈少可流傳的書面資料愈好。身為最高機密的U－2，連飛行手冊也不發給飛行員，若想查閱，僅限於閱覽室裡使用。課堂上沒有講義，一切口授，頗有禪宗「不立文字，以心印心」的味道，但是對飛行員來說，可是件頭痛事：上課沒有飛行手冊，下了課又不准將筆記帶走，所有手抄記錄，一律在課後收回，立刻送去碎紙機銷毀。但這畢竟還不是難事，如此精挑細選飛行員，看重的總不會是記憶力吧，上了飛機才能見眞章。大家摩拳擦掌期待著。

雖然曾在課堂上聽教官描述過，乍見U－2，還是不禁讓人睜大了眼。

驚訝過後，就是懷疑，那等候在停機坪上的，眞的就是傳聞中的蛟龍夫人嗎？雪茄型的機身下方，兩個機輪竟然不是左右並排，而是前後各一，活像馬戲團裡的腳踏車；長長的翅膀在風中輕輕搖晃，看來不甚結實。對這群戰鬥機隊出身的飛行員來說，這哪叫飛機，簡直像玩具。

「這玩意兒真能飛嗎？」楊世駒嘟噥著。

他可不是第一次飛偵察機的菜鳥。從早年螺旋槳時代的P-51 Mustang——野馬式戰鬥機——安上相機後改裝成偵察機，一直飛到RF-86，可還沒見過這樣脆弱的飛機。

擠進狹窄的座艙，了無迴身空間，儀表板並無特殊之處，只是中央有個類似潛望鏡的視窗，以往在戰機上握慣的駕駛桿，在這裡被狀似牛角的半圓形駕駛盤所取代。握著駕駛盤，感覺像開車，更妙的是，座艙外右前方，居然也掛著面後照鏡，那是用來……倒車？別傻了！它的用途，是在高空中檢查座機後方是否留下凝結尾。凝結尾一出現，等於高聲張揚自己的行蹤。

駕駛盤上沒有機槍扳機，卻插著兩枝鉛筆。U－2一向不配備武裝，飛行員的工作不是開槍，而是仔細記錄飛行時間與地點。

華錫鈞盯著那削好的筆尖，想起過去駕著戰機在空中格鬥、翻騰、呼嘯來去的日子，心中悄悄與之道別。

U-2都是單座，又沒有教練機，一開始就得獨立飛行。雖然在課堂上學過操作程序，但畢竟和實際飛行有段距離。

在各種儀表包圍下，傳來一股熟悉的皮革和油漬味，華錫鈞逐漸定下心來，緩緩將油門桿向前推，立刻感覺到雙翼承載著風速，不過幾秒鐘時間，飛機已離開地面，以大約四十度仰角向上疾衝……

U-2的桀驁不馴，從原型機「天使」首度踏上跑道時，便已表露無遺。

一九五五年夏天，原型機出廠，洛克希德公司的首席試飛員東尼拉維爾（Tony LeVier），在內華達沙漠一處業已乾涸的湖床馬伕湖（Groom Lake），準備測試新飛機在地面滑行的情形。

當他滑行在寬廣的湖床上、專注於保持雙翼平衡時，忽然間，竟發現自己已不知不覺的離開了地面，飄在半空中。

「只要給我一抹微風，我就能御風而去。」「天使」彷彿一面這麼輕輕說著，一面展現自己絕佳的飄浮力，在空中悠悠蕩蕩，似乎一時半刻內還不打算回到地面去。拉維爾心一橫，使勁向左轉，硬將左翼壓低，擦在地面上拖出一道印子；豈料「天使」也不妥協，在地上一蹬，隨即彈起，竟又滑翔起來。拉維爾使盡全力，再度迫使它著陸，這會兒，飛機在黃土中向前疾衝了好長一段距離，才終於心不甘情不願的停下來。結果飛機剎車損毀、前輪爆胎，所幸飛行員安然無事。

當時四十二歲的拉維爾事後追憶，在發現飛機自顧自的飄上空中時，他簡直驚訝到極點，因爲那時他根本壓根兒沒打算起飛。

U－2基本上可以說是一架「由引擎推動的滑翔機」。原型機一登場，就充分展露個性。爲了能夠飛越七萬呎，除了必要裝備外，它可說一無長物，力求減輕重量。雖然結構輕巧，卻容易在高速中解體；而修長的雙翼適合爬高，卻不利於降落。

怎麼看，這都不是一架容易馴服的飛機。

難以馴服，當然是技術上的一大挑戰，然而，對這群百中選一的中華民國飛行員來說，亟待克服的問題還不在此。根據航管規定，飛機在航行途中，必須向經過的地面航站通報飛行高度，而U-2的長途訓練，來回一趟至少五、六個小時，沿途要經過不少航站，雖然當初讓他們上過一陣子語文課，但英文畢竟還不很流利，而且帶著外國口音，如果和航站聯絡，難免會引起懷疑。

最後美國教官不得不請一位美軍飛行員駕著另一架U-2在前面領航，兩機相隔十五分鐘的距離，但保持在同一航線上，經過地面站時即幫忙報告高度和位置，省卻跟在後頭的中華民國飛行員不少麻煩。

當時美國航空界已耳聞「蛟龍夫人」的名號，卻不明白它的用途，當航管人員詢問高度時，領航的美軍飛行員便答覆：「Above forty-five.（四萬五以上。）」既然已超出民航機的高度極限，航管人員也就心照不宣的不再追問。

自五〇年代中期開始，有愈來愈多民航和軍機飛行員，向航管人員投訴他們在空中看到不明飛行物體，有時是舞動的光影、有時是轉瞬即逝的光點。這些報告最終促使美國空軍展開「藍皮書計畫」（Project Blue Book）進行調查。後來調查人員靈機一動，開始過濾中情局U－2以及後期其他類似任務的出勤表，結果發現時間點符合一半以上所謂的「UFO事件」。

或許由於U－2多半在破曉時分出動，當地面還處於朦朧黑暗中，它的銀色雙翼卻已捕捉到遠處破曉的晨曦，而在映照下發出微光。如果底下正好有其他飛機經過，就可能以爲見到了什麼異物。

而在白天，它的機身也可能反射陽光。不僅飛在低處的飛機，甚至遠從地面都可以看見，只是它的位置實在高得令人難以置信，一般人都不認爲那是飛機。「藍皮書」調查員自然不能明說，因此無法平息民間的揣測。

美國民間一直盛傳，曾有不明飛行物體於一九四七年墜毀在新墨西哥州羅斯威爾附近，半世紀以來，仍有許多人深信不疑，不僅在當地蔚爲觀光風潮，電視上也屢屢出現探討這個事件的專題節目。不論眞相如何，由於這兒距離內華達州的U－2試飛地Site 51不算遠，因此在U－2情報解密後，便有人解釋，當地許多「異象」可能和中情局的秘密基地有關。

這也就難怪科羅拉多山上的機場經理強斯頓，在看到那身著壓力衣的飛行員衝進辦公室時，會嚇得以爲是火星人登陸地球了。

那也是華錫鈞此生中最漫長的一夜……

空中熄火

還沒踏進華錫鈞家中，先看到掛在走廊兩邊的數十幅彩畫，落款M. Hwa，正是華錫鈞的妻子Margaret的作品。

在其他飛行員眼中，華錫鈞是個沉著、穩重、顧家的男人，不在空中飛行的時候，一定是在家。這次相約拜訪，約來約去，最後還是決定了在他家。

他應聲開門，果然如描述中溫文儒雅，戴副鎢絲細框眼鏡，白髮整整齊齊地梳向一邊，說話輕聲細語，不像電影裡面行事大剌剌的戰鬥機飛行員，倒十足學者氣。

其實，他打從年輕時代就是這種氣質。從前在隊上，其他飛行員戲稱他「華博士」，因爲他總手不離卷，對數理方面尤其感興趣。據說他那一班（空軍官校飛行二十六期）大多有類似的沈穩特質。二十六期的飛行員，多半是空軍幼校第一期畢業生，由於小學畢業後即進入幼校，未沾染太多世俗氣，言行舉止皆中規中矩。

在那物資奇缺的戰亂時代，多數人體格不佳，不容易召募到理想的飛行員，還是在蘇聯建議下，成立了空軍幼校，從小開始培養，第一屆即召到三百名學生。

「當初，如果不做飛行員的話，可能就當工程師去了。」見面那一天，不論說到什麼樣的生命轉折，他始終維持著不溫不火的平穩語調。加入U－2時，已經結婚數年，但一直到他快離開黑貓中隊前，Margaret才得知他的任務情形，緊張也來不及了。

隱居在馬里蘭州的小城中，屋裡掛著多幅妻子手繪的畫作，不論是U－2的傳奇經歷，或是後來在航發會主持研發「經國號」戰機的榮耀，在這裡都回歸於平靜單純的生活。

話說近半世紀前的那一夜——

原是個天色清朗的夜晚，在七萬多呎高空中，似乎還比地面亮一些。

在美國受訓將近半年，八月份一個晚間，華錫鈞正在進行夜航訓練，由德州基地出發，朝西北方而去；過了大約兩小時，經過猶他州的鹽湖城，即轉彎返航。

忽然間，飛機打個顫，他才回過神來，一切都已經靜止了。那原本低沉規律、因習以爲常而不易察覺的引擎聲，此刻悄無聲息。

他的心往下沉。飛機熄火了！

朝下看，下方是山區，看不到燈火、大地，沒有任何聲音，只有宇宙間的黑暗籠罩著座艙。他唯一能聽到的，只有自己的心跳聲。

彷彿過了無限久的時間，又似乎才不過幾秒鐘，忽然覺得身體被什麼東西纏住，而且愈勒愈緊；原來發動機熄火後，座艙立刻失壓，氧氣瓶便自動充氣到壓力衣上、同時灌進頭盔中。他試著吸幾口氧氣，一切正常，只是吐氣比較費勁。

裹在膨脹的壓力衣裡，像個臃腫的相撲選手，頭盔也被蓬起的壓力衣擠得向後仰；他仰著頭，雙手在面前胡亂摸索，好不容易拉下繫在頭盔上的繩索，將它扣在胸前，這才看清楚前方。

U－2一直有這種高空熄火的問題。早期美國飛行員駕著U－2，從五萬七千呎爬升到六萬五千呎之間，就經常碰到這種情形，還因此給這段令人頭痛的空層起了個「惡地」

（badlands）之名，或以「煙囪」（chimney）來形容。

一直到一九五六年春天，工程師將引擎從Pratt & Whitney J57/P-37型，改爲推進力較強的P-31型，才改善狀況。

遇到熄火，唯一可行的辦法是下降到三萬五千呎左右，再重新啓動。因爲低空中的空氣密度較大，比較容易重新點火。所幸飛機本身浮力大，每下降一呎，可以向前飄滑二十一呎，不致立即下墜。

由於一般燃油在極高的空中會結冰，因此U－2無法使用普通軍用的四號燃油——JP-4（Jet Petroline No. 4）或民航所使用的一號燃油JP-1。後來殼牌石油公司（Shell）研發出一種低揮發性、低氣化點的JP-7七號燃油，燃點甚高，要在華氏三百度以上的高溫中才會燃燒，平常即使將點燃的火柴丟進油箱也不會燒起來。

生產JP-7需要消耗某些石油副產品，而這些副產品正好是殼牌公司用來製造殺蟲劑的原料。因此，在一九五五上半年，殼牌公司爲了生產上萬加侖的JP-7供給U－2，不得不暫時停止製造它的殺蟲劑，還曾一度造成全國性短缺。

事後根據機械人員的檢查，這架U-2熄火，其實是因為油管破裂，燃油早就漏光了。但華錫鈞當時哪裡會知道，仍不斷嘗試降低高度來重新點燃發動機，引擎自然毫無反應。月光映照下，周圍洛磯山脈的輪廓，高大而陰森，彷彿一群匍匐的巨獸，又像是大型人造建築物的殘骸。他克制住自己紛亂的想像力，小心翼翼地穿越山谷。

下降到一萬三千呎左右，由於外界壓力恢復正常，壓力衣中的氣體隨之消退，雙手操作駕駛盤也靈活許多，總算不再像個遲鈍的充氣玩偶。

還沒來得及鬆口氣，又來了另一件麻煩事。只見窗外霧氣轉濃，逐漸吞噬夜空，四顧一片白茫茫，竟是飛進了雲層裡，就像在大霧中開車一樣，根本無從判斷位置。更可怕的是，四周都是山壁。

「這下好，盲人騎瞎馬，前方還有懸崖。」眞想不出自己怎麼會碰到這種事？現在就算跳傘，也難保不成爲山裡狼群的宵夜。地圖顯示附近應該有一個空軍基地，他拚命呼叫，卻沒有任何回應。

正一籌莫展時，雲層終於逐漸散開，他四下張望，想看清楚所處位置，出人意外的，竟看到遠處地平線下方彷彿有亮光。他試著往燈火處靠近，才發現那是個位於山谷中的小鎮。他正盤算著找個平坦處迫降，忽然瞥見右下方閃過一道白光，仔細一看，竟然是再熟悉不過的機場旋轉燈光。絕處逢生，他的驚喜，絕不亞於五百多年前哥倫布發現陸地時的興奮之情。

然而，接下來的問題是如何讓U－2平安落在跑道上。就連在一切正常的情況下，要讓U－2溫馴地降落都是一大挑戰，何況碰到熄火。

他估計著落地所需的高度，一面試著以拉高機頭來減速。看起來這個小機場的跑道很短，如果不及早降低高度，一定會衝出跑道。

他繼續調整角度往下飄，只聽見「碰」地一聲，機腹直接撞到地面。之前雖已放下起落架，但因爲沒有動力，起落架無法鎖緊，因此一著地就彈了回去。左翼拖在地上不斷磨擦，仍無法阻止飛機朝前衝的力量，最後猛然在地面甩了一圈，才終於停下來。還好燃油早已完全漏光，才沒有起火爆炸。

由於他飄降時毫無引擎聲響，當他乍然打開辦公室大門，叫著「最高機密」時，可眞嚇壞了値班的強斯頓。

科爾特斯是個蜷伏在海拔六千呎山裡的小城，連航圖上都沒有標示，華錫鈞卻鬼使神差地找到這裡。

而且，鎭上不久前才決議，爲了省電，以後機場將不再於夜間開放。如果再隔幾天，他就不可能在跑道燈的指引下順利迫降；甚至，如果再晚個幾分鐘，超過午夜，強斯頓熄燈離去，他同樣無法找到這機場。他原是教徒，遇到這種種巧合，也只能在胸口畫十了，並將之視爲此生最嚴肅的生命經驗。

由於人機均安，他還榮獲美國空軍頒發「飛行優異十字勳章」（Distinguished Flying Cross）。這架飛機，到現在還展示在洛克希德廠當年生產U－2的部門前方。

同樣是夜航訓練，郗耀華的運氣卻沒這麼好，而那是回到桃園基地以後的事了。

一九六〇年，台灣一腳踩在水田裡，另一腳剛跨出去，準備邁向工業社會。平靜的桃園小鎮上，人們步調悠閒緩慢，街上偶見三輪車徐徐而行。這年夏天，美國總統艾森豪首度訪問台灣，而這種國際外交事務，當然不會是鎮上小菜市場裡的閒談主題。

小小的鎮中心，集中在從火車站到廟口的中正路一帶，路旁多是兩到三層的樓房。廟口過去，不是農田，就是一窪窪小水塘，少見民宅，開車開個二十多分鐘，就到了大園鄉的桃園基地。

遠遠的，在縱橫交錯的田埂上，矗立著綿長的籬笆式鐵絲網，明白表示閒人勿近。在田裡工作的農人，也巴不得離遠點；土地是踏實的，什麼人會喜歡一天到晚飛在空中？

包炳光也問過自己這個問題，為什麼喜歡飛行？

其實也沒時間去讓他深究答案，這一年已經夠忙碌的了。十一月的某日，忽然接到一個奇怪的通知，命令是這麼說的：「晚上十一點整，到台北南京東路和敦化北路交會處的圓環、吳稚暉銅像附近接一個人。只准單獨前往。」

那是個名副其實「月黑風高」的夜晚，依照指令，他隻身開著吉普車，到台北載回這名風塵僕僕的神祕來客。此人約六呎高，臉頰線條剛硬，頗有西部牛仔落拓不羈的風格，眞實姓名和身分是鮑伯艾瑞森（Bob Ericson）中尉，是美國最早駕著U－2飛越蘇聯、執行偵照任務的七名飛行員之一。

但現在，他化名爲羅斯艾格隆（Russ Eglelon），由於擔心蘇聯特務組織KGB在注意他的行蹤，因此需要特別加強安全戒備。他將是桃園第一位U－2飛行教官。

他的壓力衣因爲太過奇特，被扣在基隆海關，也是包炳光去領回的。

在美國，執行飛越蘇聯任務的飛行員，都是由中情局負責挑選，無論訓練或身家背景調查，都遠比其他軍種嚴格。當年，艾瑞森是以洛克希德公司員工的身分，前來台灣擔任「飛行顧問」。

這個冬天，猶如諜報片中的神祕人物，一個個陸續出現在桃園基地，住進機場原有的美軍招待所，而且明顯地避免和一般人往來。

原本駐守在桃園基地的五大隊（F-86戰鬥轟炸機）和六大隊（RF-84F、RF-101偵察機）

人員，也弄不清這群老美的來頭。據說他們是新聘的外籍技術人員，但他們專車上掛著軍用車牌不說，甚至還有便衣警衛保護，這就有點稀奇了，大家私下揣測他們必定身負某種機密任務。

只有少數幾名實際參與這件機密作業的人，才知道這些老美的眞實身分。例如美方代表團的負責人丹尼培臨，其實是空軍中校丹尼爾坡斯頓（Denial Poston），爲了掩護身分，冠以「經理」（manager）名義，實則主管U-2在台事宜。而負責維護情報機密、保護美方人員安全的，是留著一頭灰髮的比爾查拉帕（Bill Charapa），本名威廉庫根（William Coogan），是中央情報局貨眞價實的正牌情報員。

機場跑道北端原有的美軍招待所，在重新裝修後，多了不少美式娛樂設備，除了彈子房、小型游泳池、健身器材外，甚至還有間小放映室。

位於跑道西南方、日據時代留下的舊棚廠也重新啟用，但這裡可是禁區，裡面加裝了精密的電子通訊裝備，隨時都有衛兵嚴格看守。若不是相關工作人員，就連基地的聯隊長都不得任意接近。

一九六一年一月初的某個夜裡，包炳光又接到電話，請他天一亮就去見比爾查拉帕。他此時早已見怪不怪了，原來是美國派遣C-133重型運輸機，前來送「新年禮物」給桃園基地。

然而，C-133噸位驚人，對於跑道只能負荷大約三、四十萬磅的桃園機場來說，實在無法承受它的重量，只得改降台北松山機場。

貨艙中，一對拆卸下來的修長雙翼和一個圓筒似的機身，透露了這份禮物的重要性。就算能將貨艙中的所有裝備搬上車，浩浩蕩蕩開到桃園，保密問題不說，沿途的路況也會是個麻煩。

先是得行經不算寬敞的台北大橋，之後過林口往龜山的山路更是蜿蜒窄小，而到了桃園，廟口以後的路段也狹隘難行。幾番考量，終於還是打消了「開車送貨」這主意，最後雙方妥協，將C-133所載的燃油量減到最低以減輕重量，才順利將U－2送到桃園，機場還臨時調派了大批守衛，爲台灣第一架蛟龍夫人戲劇性的登場增添不少氣勢。

有了這次經驗，第二架U－2便索性由馬提昆斯頓（Marty Knutson）上陣——也是最初爲中情局執行任務的七名飛行員之一——直接駕著它飛到桃園。

台灣第一批飛行員在美國受訓時，使用的還是最早期的U－2A型。送來的這兩架，卻是配備了電子防禦系統的C型，引擎推力也比較大，序號分別爲〇五一和〇五三。後來飛機數度更換，卻不曾改變號碼，從此固定維持兩架U－2在台灣輪流出任務。

台灣對外宣稱，這兩架用作「氣象偵測」的飛機是向美方購買的，當然，實際上是中情局免費提供。

自從美方派遣七人小組訪台、獲得老蔣總統的首肯後，雙方即著手合作事宜。台灣方面調派飛行員到美國受訓，接著整修桃園基地，美方人員也陸續抵台。在一九五九年初到一九六〇年底這段過程中，卻因爲一樁意外事件，使整個計畫停擺。

首度被擊落

一九六〇年五月一日，一架U－2在蘇聯斯洛伐克附近時，被薩姆二號飛彈（SAM-2）擊落。

此事非同小可，立刻在國際間引起騷動，蘇聯國家主席赫魯雪夫在聯合國大會中高聲抗議，並氣得抓起脫下的皮鞋猛敲講台。原本預定在兩星期後，也就是五月十六日，將於巴黎舉行的美蘇英法高峰會議，自然也宣告中止，兩大強權之間一時劍拔弩張。最後美國自知站不住腳，艾森豪總統保證，在他任內，絕不再派遣偵察機飛越蘇聯，才終於化解緊張局勢。

那架被擊落的U–2由巴基斯坦白沙瓦機場起飛，飛行員鮑爾斯曾出過多趟任務，經驗相當豐富，沒想到當天是五一國際勞工節，蘇聯上空軍機往返的數量遠比平日少，因此雷達系統很快便察覺他的行蹤，而發射薩姆彈一擊得手。

鮑爾斯僥倖不死，受傷被捕，在獄中也多少供出一些情報。蘇聯有意使美國難堪，大肆宣揚地進行公開審判，並以間諜罪判處他十年監禁，關進莫斯科監獄。後來兩國透過外交斡旋，同意以被美方羈押的蘇聯間諜艾貝爾換取鮑爾斯，他才在一九六二年二月間獲釋，前後被囚禁一年九個月。

鮑爾斯回國後，受到中情局和軍方一連串的調查質詢，雖然最後結論是「在這段期間，他確實盡到了美國公民的責任」。但坊間一些八卦報刊加油添醋的報導，仍損及他的形象。

退役之後，他曾在洛克希德公司做過U－2試飛員，也曾替洛杉磯某家廣播電台擔任空中播報員，從空中報導路況。一九七七年任職電視台KNBC的直昇機飛行員，卻在採訪新聞時不幸墜毀身亡。

他是一名優秀的飛行員，但後來的人提到他名字，總離不開那「第一架被擊落的U－2」事件。該事件迫使U－2在國際間公開亮相，就此結束美國過去四年多來，在東歐和蘇聯進行的高空偵察活動，也使中美雙方的「快刀計畫」不得不踩煞車。

這項計畫一擱置就是大半年，直到一九六一年一月份，雙方才簽訂協議，隨後將U－2送到台灣。二月一日，距農曆新年還有兩個星期，「空軍氣象偵察研究組」正式於桃園成立，對內稱做「三十五中隊」，在美方的編制則為「Detachment H」。當然，這些都只是掩人耳目的名稱。

空軍各中隊的隊徽，大多由隊員自行設計，有些取其象徵意義，比如四十一中隊的火龍；有的也未必說得出道理，像九中隊的兩粒骰子。

三十五中隊剛成立時，陳懷曾提出兩種設計，一是凶猛的老虎、另一個是狡猾的狐狸，但都未被採用。後來他根據駐隊美軍的建議，設計出黑貓標誌。

這個看來頗爲狡黠的黑貓頭像，有著一個不成比例的細長頸子，代表懸掛在機腹的照相裝置；高聳的三角形耳朵，像是空氣樣本收集瓶；黃色的雙眼，則是探測器；四根鬍鬚象徵著兩對電子接收天線。

而且，U–2多半在凌晨黑暗中出動，也有如貓的習性。

這個標誌被印在中隊的飛行夾克、帽子、咖啡杯和打火機上，成爲傳奇的象徵。

這個特殊單位雖然編制爲三十五中隊，卻不受空軍直接管轄，並且在許多方面享有最高優先權。營區外面圍著鐵絲網，除了配有證件的U–2飛行員和相關人員可以長驅直入外，其他無論任何人出入，都必須事先申請一張附有個人相片的特別通行證。

隊上進進出出的人員皆著便服，只有值勤的飛行員穿著飛行衣，看似紀律散漫，實則爲了保密。

雖然一切就緒，但由於鮑爾斯事件，美國不得不格外謹愼，一九六一整整一年毫無動靜。既然沒有進一步指示，美方人員也樂得輕鬆，鎭日吃喝玩樂，而台灣飛行員當然還是得不斷練習，以保持戰力。

這年三月間，某次夜航訓練中，郗耀華不幸墜毀在基地跑道上。估計他失事的原因，可能是因爲持續練習左航線起降，而使大量燃油流到左側，但在最後降落前，未能使機翼內的燃油保持平衡，使重心向一邊傾斜，最終失去控制。U－2大部分燃油儲放在中空的機翼裡，只有少部分在機身的主油箱內。雖然一般飛機的機翼內也儲有燃油，但U－2翅膀太長，在降落時必須顧及保持燃油左右平衡，因而增加許多風險。

郗耀華和華錫鈞從空軍幼校起就是同學，在美國受訓時又是同寢室的室友，同樣安靜的個性、同樣富有正義感，但在這一夜，兩人近二十年的交情，卻不得不在桃園基地畫下了句點。

嚴格挑選

在那海峽兩岸緊張對峙的年代，不論隸屬哪個機隊，都有潛在的危險性。但黑貓中隊的特殊在於它必須隻身深入敵營，任務動輒長達八小時以上，沿途隨時可能遇到飛彈伏擊或天候驟然改變，除此之外，說來無奈的是，它最大的威脅，其實來自飛機本身脆弱的結構。

因此，一名夠格的U－2飛行員，必須具備優秀的飛行技術自不在話下，此外，還需要極佳的體力和耐力，更需要個性穩定，深具自制力。

一般來說，在空軍官校受訓最後階段分科時，應變能力較敏捷的，通常會被優先選取接受戰鬥飛行員的訓練。正如湯姆克魯斯在一九八六年賣座影片《捍衛戰士》（*Top Gun*）當中所塑造的形象一樣，酷斃的雷朋太陽眼鏡、皮夾克、高統靴，帥氣十足的駕著戰機在空中呼嘯而過……正是所有年輕飛官的夢想。

不過，在經過一段時間，累積了相當經驗後，就有可能會被轉調飛偵察機，此時，更被看重的條件，反而是沉穩的性格，而不再只是夢想著做空戰英雄。首要任務是──取得情報，全身而退。

要成爲U－2飛行員，在中美都一樣──無法「申請」，只能等著「被挑選」。台灣方面，當時是由空軍總部情報署特業組負責遴選，美方根據過去經驗提出幾項建議：首先，必須反應靈活，但個性不能太急躁，最好從戰鬥機部隊挑選；其次，已婚的較爲理想，因爲生活比較穩定；另外，年紀太大或新手都不予考慮。而最重要的標準，當然還是飛行技術和膽識，至少必須具有兩千小時的飛行經驗。

由於戰鬥機油量少、壓力大，通常每趟飛行很少超過兩小時，也就是說，要達到兩千小時以上的飛行時數，起碼得八到十年的經驗。根據這個原則，被挑選出來的飛行員，一般都在三十到三十五歲之間，多半已升到少校或中校。

挑選飛行員時，有時是經過各部隊隊長推薦，後來也有的是透過資深U－2飛行員的建議。對這些推薦名單上的飛行員，情報署人員總會先約來閒話家常一番，一方面親眼觀察，一面探口風，「健康情形怎麼樣？」「家庭狀況如何？」雖不挑明用意，但彼此心知肚明（當然，除了第一批的六名飛行員之外），如果眞的不想加入，只要在言語中暗示自己身體不適或有其他狀況，也就自然會被從名單上剔除。

然而，既然當初選擇加入空軍，多半是爲了熱愛飛行，遇到富挑戰性的新機種，很難不動心；而且，能夠從眾人之中被挑選出來執行這樣高難度的任務，正表示飛行能力受到肯定，已經是一種榮譽的象徵，因此，很少有飛行員會主動放棄這個機會。

這只是無數考驗中的初步接觸而已。跨進門檻後，先得經過一連串的面談，有時面對的是中華民國空軍情報署官員，有時對象又換成美國中情局人員，相同的問題經常反來覆去問個好幾遍不說，那挑釁的口吻和懷疑的表情，還眞教人火大，像什麼「你還有親戚在大陸，跟他們有聯絡嗎？」「你該不會也是共產黨員吧？」這算那門子問題？有人氣得當場拍桌子翻臉。

誰知道，追問這些奇怪問題的目的之一，竟是在測驗耐性，考官正好藉機觀察各人反應。若通過面試，便會被送往琉球接受高空生理測試。當時的人並不十分清楚高空狀況，只注意到在二次大戰期間，美方軍機從印度運送物資到四川成都的途中，當飛越喜瑪拉雅山時，機上人員總是昏昏欲睡。U-2飛行高度比這超出一倍以上，爲了測試飛行員的適應力，這自然被列爲首要項目。

在琉球的美軍基地裡，飛行員被送進低壓艙內，實驗人員慢慢抽走其中部分氧氣，只留下稀薄的空氣，模擬高空狀況。有時實驗人員會發下紙筆，叫他從阿拉伯數字「1、2、

3……」開始往上寫。這有什麼難的？「4、5、6、7、8……」寫著寫著，開始有點恍神了，慢慢因爲缺氧而愈來愈昏沉；最後抓著筆不知在胡亂寫些什麼，紙上一堆鬼畫符。

就這樣，從最初選出的二十多人當中，經過初步體檢和重重篩選，到最後能夠被派到美國受訓的，往往不過三、五人，入選比率還不到三成。

不過，別以爲這樣就拍板定案了。到了美國，先是三天密集的心理測驗，什麼羅夏投射測驗、測謊實驗，名堂不少，甚至還被叫去堆積木。可別在心裡暗罵無聊，心理學家可是在一旁不動聲色地觀察每個人的合作態度。

偶而也單獨約談，「你能想像在一段長時間裡，獨自待在一個什麼都看不見的地方嗎？」「你適合這工作嗎？爲什麼？」

所有這一切，都被錄音錄影記錄下來，以便事後逐一分析，就是要確定這些飛行員眞的能夠承受身心兩方面的巨大壓力。

但受測者可毫無概念，他們就像迷宮裡的白老鼠一樣，不知道每個遊戲的目的或意義，也都被囑咐禁止和其他隊員討論所有談話內容。而日後實際執行任務時，這項「保持緘默」的原則就被要求得更徹底了，不得向任何人透露任務狀況。

除此之外，還得進一步做更徹底的體檢。在德州聖安東尼奥市（St. Antonio）太空醫學中心（Air Space Medical Center）所進行的檢查，就要花上將近一星期時間，體檢項目和後來的太空人差不多。

說是體檢，和酷刑倒也相去不遠。比如，醫護人員用一支小型注射筒，將溫水骨碌骨碌灌進耳朵半規管裡，這會使人感到暈眩，如同漫步雲間。

接著，關掉房裡所有燈光，只留一盞紅色小燈，並詢問飛行員看到幾盞燈？燈光是否搖動？有時受試者會產生錯覺，甚至無法分辨上下方。這個實驗，可以測出每個人要花多久時間才能恢復平衡感。

另一項測試，是在步行機上走大約半小時，使心跳加速到某程度後，再將呼出的廢氣收集到一個像是大汽球的儀器裡，再進行分析。沒想到，這些精挑細選出來的飛行員，體能狀況往往好得讓測試員傻眼。一九六八年沈宗李在美國受訓時，一口氣走了兩個小時，心跳速度也未見加快多少，最後測試人員不得不求饒說，實在得去吃中飯了，是否可將機器速度加快？

如此折騰一番，再做最後淘汰，通過這重重關卡後留下來的，豈能不是菁英中的菁英？U－2駐台十三年來（一九六一年到一九七四年），總共只有二十八名飛行員完訓並參與實際任務。

在美國，中情局也是以同樣嚴格的標準挑選U－2飛行員，淘汰率遠超過其他機種。因爲嚴格、更因爲任務危險，提供的待遇自然格外優厚。在五〇年代，美國一般軍官的月薪約爲美金六百元，而U－2飛行員則是兩千五百美金，足有四倍之多，在當時，這數字足夠買一輛拉風的轎車了。

由於美國飛行員必須先解除軍職，再以平民身分加入U－2，因此中情局向他們保證，在完成U－2任務後，如果選擇重回空軍，年資絕不會因軍職曾中斷而有損失。

至於台灣方面，中情局雖然也比照美國U－2飛行員的薪水，固定撥款給空軍，但事實上，飛行員本身並不曾領到這麼多錢，只不過比當時一般飛行員四千塊台幣（約合美金一百元）的月薪，再多領個台幣四千四百元加給而已。而且在離開U-2後，如果要回到軍中，也並無任何特殊優待。

無論從現實的角度或利益的觀點，似乎都很難解釋，爲何這些飛行員願意接受這麼艱難的任務，在高空玩命。其實，就只是單純的「愛國」吧！這在現代社會環境下，聽來似乎有點傻氣，但當時他們確實是這麼想的。

這批飛行員認爲自己不過是在善盡軍人的職守，卻低估了自己所代表的歷史意義——U-2是一個劃時代的設計，台灣剛開始這項合作計畫時，全世界也不過只有五、六十個人飛過。

註釋

註1：引述自「Spyplane: The U-2 History Declassified」

註2：這位飛行員後來並未完訓。

第二章

Towards Unknown

「我已經飛得這麼高、這麼遠，我曾到過這樣廣闊無涯的大天地，爲什麼還是把自己放在這個小我的天地裡，爲了一點小事情，會和同事吵架呢？眞是無以自解……」

——「日記」陳懷

黑貓中隊正式成立後，老蔣總統曾親赴桃園基地視察，當時負責示範飛行的，是第一批五名飛行員當中唯一尚未結婚的陳懷。

陳懷是虔誠的基督徒，爲人儉樸善良，每個月的薪餉大多用來賙濟旁人，或者買藥送給貧病的軍眷和居民。閒來無事之時，也不與人嘻鬧，多半獨自安靜地看書。他頗有修道僧侶之風，餐前必作禱告，遇到好事自然是「感謝主」，假日總固定到台北靈糧堂作禮拜，在美國受訓時，也不忘定期上教堂。

看著相片上的陳懷，圓臉、身材結實、留著小平頭，如果穿上連帽套頭長袍，應該會很像中世紀的教士吧。

黑貓中隊經過整整一年的蟄伏，到了一九六二年一月份，中美雙方高層終於下達首次任務命令，擔任首航任務的，正是陳懷。他長驅直入中國西北，一直到蘭州才回頭，歷時八小時四十分鐘，行程超過三千公里。

路途雖遠，而他的實際任務時間和紙上作業的飛行計畫相比，僅僅差了四十秒鐘。要知道，那時尚無ＧＰＳ引導飛行，可見他飛行的精確程度。

陳懷檔案照片（歐陽漪棻珍藏）

他帶回兩卷自動相機所拍攝的六千呎底片，在其中發現刻意隱蔽在西部沙漠裡的雙城子飛彈試驗場，是極爲珍貴的情報。這次遠征，令他慨嘆中國西部疆域之遼闊、造物之神奇。沒想到，八個月後，他卻永埋斯土。

一九六二年九月九日，陳懷的座機在南昌附近被飛彈擊中，墜毀在市郊羅家集，殘骸散落水稻田中，遍覆數里。陳懷身受重傷，在送醫途中死去，葬於南昌市郊一處小松岡上。

幾天後，新華社洋洋得意地宣佈：「一架蔣幫的U－2飛機，在華東上空偵察時被擊落。」中國總理周恩來特地爲此召集遊行慶祝。

而在台灣，有報紙將陳懷描繪爲自殺殉國的烈士，煞有其事的敘述他死前多麼英勇壯烈，老蔣總統並親自爲他正式改名「懷生」，之後相繼有學校、廳院以他命名，儼然和對岸的學雷峰運動打對台。

若陳懷有知，大概會將這場吵吵嚷嚷的政治宣傳戰看作一場戲，畢竟，一如他在日記中的心境，他曾經「飛得這麼高、這麼遠，曾到過這樣廣闊無涯的大天地……」，這些世間紛爭，就都留給政治吧。

而他在福州的母親，第一次聽到陳懷被擊落的事，是在文革時期。還來不及擦乾傷痛思念的眼淚，就跟著陳懷其他姊妹一起被批鬥打進牛欄。

事隔三十五年後，陳懷的六妹陳敏曾到南昌試圖尋找他的墓地，但殯葬登記簿上沒有記載，好不容易找到參與埋葬的人，也說早記不清方向了。陳敏在寫給文史工作者高興華的信上說道：「天色已晚，怕來不及搭公共汽車回城，只好作罷。回去時，面對長滿小樹的山坡，我雙手合十，默默禱告：懷哥，我明天就要回去了，我不知道你在哪裡，請你今晚能進入我的夢中，告訴我你在什麼地方，我好把你揹回去，讓你能和爸爸、媽媽在一起！一夜無眠，至今不知他的遺體在哪漂泊。」

Generalissimo

陳懷被擊落，感觸最深的是楊世駒，因爲他才在前一天的同樣時間、同樣航路，進行和陳懷完全相同的任務。

三十五中隊的人都稱楊世駒「Gimo」，先是老美這麼叫，後來大家跟著喊慣了，也就成了他的正式英文名字，其實這是「Generalissimo」的簡稱，意思是「領袖」、「元帥」。

在第一批前往美國受訓的飛行員當中，楊世駒期別最高，也就很自然地成為學員長，擔任受訓期間中美雙方的聯絡人。美國教官老是記不住中文名字，不知道從什麼時候開始，乾脆叫他Gimo。

Gimo，Generalissimo，元帥！這個稱號類似軍閥時期的「大帥」，多少帶有獨裁意味。當時全世界最出名的兩位「元帥」，一位是西班牙的佛朗哥總統，另一位就是老蔣總統。

U-2在桃園成立一年多後，當時任職國防會議副秘書長的蔣經國，在西門町渝園請駐隊的老美吃飯。美方安全官在隔桌高聲呼喚：「Gimo! Come have a drink.」揮著手要楊世駒過來喝一杯。

在拉斯維加斯的家中，年逾八十的楊世駒回想起四十多年前的那一幕，他還清楚記得，蔣經國聽到這話，瞄了他一眼。那銳利眼光的背後，不知道是不是在想著：居然有人敢用這綽號！

頂著聖誕老人般的肚子，楊世駒摸摸自己童山濯濯的頭，呵呵笑道：「大概因爲我的頭頂跟老蔣總統一樣，所以老美才給我取這外號吧？」

早在五〇年代期間，U－2尚未問世前，台灣就已使用美方提供的照相偵察機飛越台灣海峽進行任務。RB-57是由轟炸機改裝而成的。而黑貓中隊成立後，首任隊長是從RB-57偵察機部隊轉任的盧錫良擔任，到一九六三年底，即由楊世駒接手。

根據規定，隊長在任內不得實際執行飛行偵照任務，因爲他清楚整個計畫內幕，萬一不幸擊落被俘，可能會洩露機密；因此平日負責處理行政事務，最重要的是擔任中美雙方溝通橋樑。鮮少與人衝突、長於觀察的楊世駒，似乎是最佳人選。

他在升任隊長前，依照規定出滿十次任務，也曾數次死裡逃生，但一九六二年秋天的那趟飛行，究竟是怎麼回事？他始終不明白。

那天，起飛將近一小時後，U－2攀升到七萬呎高空，同溫層早已被拋在腳下，天色轉爲深藍。按照航行計畫，他由海南島向內陸前進，準備由南寧經南昌，再前往西安。

像這樣的遠程任務，來回動輒長達十小時，雖然機艙裡有HF高頻無線電，可以和基地通話，但爲了避免被敵方偵測到訊號而曝露行蹤，飛行員在整趟行程裡，只有起飛和落地時，才可以使用無線電。

總之，一旦飛入敵區，便需保持緘默，「Radio Silence」！也就是說，無論遇到任何麻煩，都不能用無線電聯絡。

長時間擠在那狹窄的座艙裡，深處險境，又無人可交談。這樣的壓力，可不是一般人能承受的。

遠在千里之外的指揮中心，也只能屏息以待。所有訊息，只能依賴飛機到某些定點時以高頻無線電傳回基地的訊號來分析，總共五十個項目，各自代表機上不同儀器、儀表及系統的狀況。指揮中心裡的電腦監測系統「Bird Watcher」，會隨時記錄這些傳回來的數據。

如果飛機引擎故障或機械系統出現異狀，機艙中的警告燈會亮起，同時自動向基地指揮部發出警訊。坐鎮於指揮中心的電子官，可以根據Bird Watcher收到的訊號來研判飛機高度、航向、空速或發動機等系統的情形，至於問題是出在飛機本身，或者是被飛彈擊中而造成的後果，這就不得而知了。指揮中心裡，眾人的心隨著這些訊號七上八下，對於飛行員面臨的險境，雖然擔心，卻愛莫能助。

在這種時候，飛行員只有兩個選擇，在他右手邊有A、B兩個開關，撥至A，表示「一切OK，繼續進行任務」；撥到B則表示「有狀況發生，準備放棄任務」。

而當基地接收到「放棄任務」的訊號時，即使它代表生死關頭的求救呼喚，監看人員也無法提供任何實質協助。唯一能做的，只有在心底暗自祈禱。

話說當時楊世駒轉向內陸，才到桂林，耳機裡忽然傳來通話聲，指揮中心竟主動打破Radio Silence。

「Black cat！Black cat！（黑貓！黑貓！）」耳機中傳來基地指揮官的暗號：「Bingo！」

他不知道發生什麼事，但這是要他放棄任務、立即返航的意思。

回到基地，指揮官告訴他，Bird Watcher送回的資料中顯示，飛機系統出了些毛病，所以召他回航。他也不以爲意，換了便服即開車回家。

第二天，他回到基地，發現隊上瀰漫著一股不尋常的凝重氣氛。他簡直不敢相信自己聽到的消息：陳懷在早上被擊落！

一九六二年九月九日，陳懷繼續楊世駒前一天未完成的任務，完全相同的時間與航路，卻在剛經過桂林、到南昌附近時，被薩姆二號飛彈擊落。

跑道兩旁油綠的番薯田，偶而驚起一群麻雀。楊世駒坐在基地的美軍招待所裡，啜飲著手上的Gin & Tonic，眼光望向窗外，卻沒有真的在看什麼。自己在前一天出相同任務的時候，或許也曾被同一批飛彈瞄準吧。這才咀嚼出德州洛佛林基地U－2部隊「Towards Unknown」那標誌的意味，「誰知道明天會發生什麼事？」

一九六三年五月底，楊世駒被派往中蘇邊境和北韓出任務，之前王太佑在隊上待命了兩天，但天氣都不適合飛行，等到轉晴，已經輪到楊世駒出任務了。

起飛後，朝北走，向哈爾濱方向前進。通過遼東半島時，按照航行計畫，打開相機開關。

從七萬呎高空向上看，是如同深海一般的墨藍；往下望，景色混沌，一如碗中稠粥。

當時還沒有衛星定位系統，飛行員要確認航路，必須依靠「下視鏡」（Drift Sight）來觀測。下視鏡與潛水艇中的潛望鏡有異曲同工之妙，不同的是，潛望鏡伸出水面，向上觀望；而U－2的下視鏡鏡頭則裝在機腹，朝下探視。

飛行員以機艙裡的搖桿來控制鏡頭方向，然後從位於駕駛盤上方、一個六平方英吋的鏡面觀看地形。下視鏡雖可將景物放大四倍，但從如此遙遠的距離外，仍只能粗略辨別湖泊、房舍或鐵路的輪廓，儘管如此，對全憑目視飛行的U－2飛行員來說，已經提供了夠重要的參考點。而且，如果有米格機跟蹤，多半會在下方空中留下凝結尾，也唯有靠下視鏡才能發現這些線索。

飛在遼東半島上空，透過鏡面往下看，整個大地是一個黑白分明的世界，大片城市覆著白雪，像灑上糖霜的黑森林蛋糕。蛋糕表面有一道道筆直的黑線，仔細注視，可以看到汽車在上面移動。

廣東出生的楊世駒，從未見過這樣的北國雪景。

翻開手邊航圖對照，認出那是瀋陽。明暗的線條，將城市切割出錯綜複雜的圖案，不遠處有個富戲劇性的火山口，覆蓋著層層冰雪，彷彿火山爆發迸出的白色岩漿。

Gimo與老蔣總統

他並沒有忘記，在這童話美景背後，潛藏著致命危機。瀋陽廠已經開始製造米格十九，巡弋高度可達四萬呎，他們不時尾隨在後，就像潛伏在叢林中的剽悍獵豹，伺機而動。只待哪架黑貓遇上引擎熄火、必須降低高度重新啓動時，便會毫不猶豫地奔將上來，一口咬住獵物！

因爲油量有限，這趟任務飛到齊齊哈爾後，預定要轉往韓國，降落在漢城南邊的郡山（Kunsan）美軍基地。當他越過長白山、黑龍江，從遼東半島出海時，赫然發現機場方向一片大霧，更糟的是，無線電竟然在這種時候失靈。

出發前，氣象官在簡報中說，根據預測，落地時應該是好天氣。但此時接近正午，海面經過陽光強烈照射，蒸發出一陣氤氳的霧氣。如果無線電不故障，至少可以靠機場塔台人員引導降落，但現在和機場失聯，情況比矇著眼睛走鋼索好不到哪兒去。

楊世駒盯著眼前著名的「輻射霧」，一籌莫展。

還好之前來過郡山基地，只好硬著頭皮，靠印象朝大致方向緩緩下降。到了大約兩千呎高度，一頭鑽進這團雲霧當中，只見前後左右一片茫茫白霧。那種迷離幻境，令人不由得聯想起百慕達三角洲的神祕事件。

在某些特殊情況下，飛行員在飛進雲層後，因爲失去參考點，有時會產生錯覺，分不清南北上下；更有甚者，竟懷疑是儀表錯誤，以致一再調整機翼，到最後變成機腹朝上倒過來飛，而飛行員渾然不覺。

以目前情況來說，已經下降到兩百呎，依然身陷雲團。無論是不是倒立飛行，更令人擔心的是遇上其他飛機，或者前方是山壁……

就在此時，霧氣稍見散開，下方黑水捲著白浪，原來正飛在海上，距離水面不過大約五十呎。他正捏把冷汗，又一眼瞥見儀表板上急促閃動的紅光。是油量警告燈！

U-2一向不帶多餘的油料，因爲飛機每輕一磅就可以飛高一呎，出發時所攜帶的燃油量，都剛好符合任務行程所需，往往在返抵機場準備降落時，油箱內僅剩不到五十加侖。以這樣少的油量，如果無法一次就落地成功，或因爲天候等因素得轉往其他機場降落時，都會令人捏把冷汗。

還眞是屋漏偏逢連夜雨！或許是因爲在霧中摸索的緣故，消耗了較多燃油。他感到自己的心跳正配合著急切閃爍的紅燈遽動著，陸地到底在哪裡？沒有答案。紅燈忽然停止閃動，持續亮著……

「完了，難道就是這次嗎？」他沉默地貼著海面向岸邊飛去。

現在就算跳傘也已經遲了，距離地面這麼近，根本來不及張傘。沒來由的，心中浮現過去飛RF-86時和戚榮春在南京上空遭逢狙擊的情形，看到火光，還以爲是地面高射炮，猛回頭，才發現米格十五緊追在後。那種擺脫不掉的巨大壓力和陰影，此刻又湧上胸口。

絕望之際，前方忽然出現一道堤防，他對這附近地形還有一點印象，便朝它飛去；才一轉彎，不遠處竟然就是跑道，飛不到兩哩，安然降落。機輪才踏上跑道，飛機立刻熄火，油料全然耗竭。

跑道上鈴聲大作，一排救護車、救火車尾隨在後。地勤人員趕緊打開座艙罩，幫他解下頭盔，基地美軍指揮官也坐車趕到，他和剛下機的楊世駒握緊雙手，往他肩上一拍，盡在不言中，又遞上一瓶威士忌，慶祝他逃過一劫。

由於先前無線電通訊失去聯絡，又比預定落地時間晚了半小時還不見飛機蹤影，在基地等候的人，嘴上不說，心裡都暗自擔心，此刻乍見他平安歸來，都難掩激動之情。

後來一名美軍將官到桃園進行年度訪問時聽說此事，回國報告後，軍方立即撥下兩百萬美元給郡山機場，加裝跑道頭的進場燈。此後，縱使能見度不佳，飛行員依然可藉閃光燈束來辨識跑道。

後記

第一批飛行員當中，楊世駒在一九六三年底接任黑貓中隊隊長，一直做到一九六九年，前後歷經五任美國「經理」（manager），是隊上擔任隊長時間最久的一位。（除第一任盧錫良之外，其後各任隊長皆由隊員升任。）

曾經拍攝到天池相片、頗受老蔣總統注意的「Tiger」王太佑，在圓滿完成任務後，轉回空軍四中隊（RF-101偵察機部隊）擔任中隊長，一九六九年又調回黑貓中隊擔任了兩年隊長。

總是埋首書本的華錫鈞，出滿十次任務後，選擇到美國普渡大學進修航空工程，取得博士學位，果然成了名副其實的「華博士」。回國後進入航空研究發展委員會，後來擔任主任。曾帶隊到洛克希德公司學習設計，並研發經國號戰機。

和華錫鈞有多年同學情誼的郗耀華，在美國受訓完畢回到台灣後，於一九六一年初某次飛行訓練中，不幸失事身亡。

而陳懷的陵墓，至今猶靜靜躺在南昌附近的小山坡上……

第三章

Sentimental Journey

「Never thought
My heart could be so yearning
Why did I decide to roam
Gotta take that sentimental journey
Sentimental journey home
Sentimental journey home」

——感傷的旅程（*Sentimental Journey*）桃樂絲黛

葉常棣喜歡唱歌，最欣賞法蘭克辛納屈和桃樂絲黛。那年趁他到美國拉斯維加斯探親，約了在當地碰面，談話中提起老歌，他隨口提及桃樂絲黛這首「感傷的旅程」（*Sentimental Journey*）。我抬眼看他，神色平常，口氣也沒變，我卻聽得心裡一酸，還有什麼是比有家歸不得的返鄉之路，更令人感傷的旅程呢？而他這趟旅途，一走就是二十六年。

第一次見到葉常棣，是一九八九年在台北家中。自擊落被俘，後被拒於國門外、留滯他鄉，這還是二十六年來，他和相同情形的張立義首度回到台灣。就在媒體爭相追逐中，我才恍然大悟，小時候那些鄰居叔叔伯伯們，原來都曾是這段故事裡的主角。

父親還是「黑貓」的其中一員時，我才不到五歲，對世事一無所知，大半時候和外婆住在台北。只記得桃園山頂村眷村旁，是一片綠油油的稻田，有一年颱風，水漫眷舍，待水退去後，發現一隻水蛇躲在門後，把大家嚇一跳。

夏天常在基地的美軍招待所游泳，水藍清澈。聖誕節時，隊上必有party。據說第一年過節，是由身材高大、肚子圓滾滾的美國技術代表約翰雷恩斯（John Raines）打扮成聖誕老人，坐在大廳中央，分發禮物給隊員的小孩，爾後蔚為傳統。三歲那年的聖誕節前，我一再被叮嚀：「聽到叫Lisa就出去領禮物哦。」結果聖誕老人送我一個會眨眼的洋娃娃。

這是一群普通人，聚集在這個普通的隊上，住在一個普通的村子裡，過著平常的生活。這是一九八九年之前，我對那段日子的印象。

我住在桃園時，並沒有見過葉常棣或張立義。正確來說，應該是，他們住在桃園時，我還沒出生。

那是一九六三年。

一九六三年夏天，黃梅調挾著「梁山伯與祝英台」的狂熱席捲全台，電影院破記錄連映一百六十二天，大街小巷處處可聞「樓台會」。

西方國家則是搖滾樂當道，海灘男孩的「Surfin' USA」搖擺著西岸的輕鬆快意，而鮑伯迪倫以民歌「Blowing In The Wind」沉靜但深刻地抗議著越戰；至於年輕人瘋狂崇拜的披頭四，才正準備跨越英倫海峽征服美國。

美國民權運動在這年八月份達到高峰，二十萬人聚集在華盛頓特區大遊行，抗議種族歧視。黑人民權領袖金恩博士在林肯紀念碑下慷慨倡言：「I Have A Dream！（我有一個夢想！）」

這是一個騷動不安、蓄勢待發的夏天，同時也酷熱難當，葉常棣剛從美國受訓歸來，感受到屬於這個時代的活力。當初結婚不到三個月，有人找他加入黑貓中隊，他想也沒想便答應了。

十月份，中國大陸成功試射第一枚州際飛彈。三十一日下午葉常棣被叫回隊上待命，和所有U-2飛行員一樣，他也曾被囑咐不得向任何人透露任何有關任務的情形，再加上不想讓家人擔心，所以只簡單的告訴新婚妻子要回隊上，說了聲bye bye，便出門上車。

這簡單的道別，在後來長年勞改中，不時浮上心頭。離家那日，離結婚週年紀念只有十八天，很多話，他以爲還有時間慢慢說。

十一月一日凌晨，他在基地宿舍被喚醒，準備著裝。再過一個月，就滿三十歲了，他早就不是九年前那個剛從官校畢業，總是早早換好飛行衣、坐在那兒迫不及待的等著上飛機的小飛行員了，但是對於天空的嚮往，並沒有絲毫減少。

桃園基地跑道的西南方又加蓋了新的棚廠，面積之大足以同時停放兩架U－2，除此之外，裡面和舊棚廠倒沒有太大差別，兩旁仍是辦公室和器材間，空氣中同樣充斥著油漬味。

當深夜有任務時，機械人員打開朝向北方的鐵門，將U－2拖上跑道，蛟龍夫人便在耀眼的北極星光下，默默從夢中醒來。

清晨四點，夜涼如水。他起飛後，向東朝著沖繩島方向而去，慢慢增加高度。在黑暗中向上攀升，高空中有微光，看起來比地面清亮、而且寧靜。他享受著這一刻的孤寂，在這片安祥、漫無邊際的空間裡，哪裡分得出什麼國界、什麼人為的藩籬？

天空愈來愈亮，六點左右，飛機已爬升到六萬多呎，一路無雲。

該是轉向西行，準備執行任務的時候了！

桃園基地裡，隊長楊世駒和美方指揮官守候在指揮中心，藉著Bird Watcher注意飛機動向。而海峽對岸的地面雷達站，也早已從雷達上發現有飛機從桃園起飛，從它不尋常的爬升速度和巡航高度，立刻就能判斷出必為U－2無疑，並就此鎖定它的行蹤，藉由電訊，將它的動向一程程向內陸傳遞，同時向空軍作戰指揮中心報告。

諷刺的是，台灣方面也只能靠著位於大溪的監聽站，監聽對方這一站接一站的電訊，來確定自家U－2的位置。

經過八個多小時的漫長等待，U－2已在回航途中，經過上饒，到了南昌附近，眼看再過四、五十分鐘就將進入台灣海峽的範圍內，忽然間，指揮室裡Bird Watcher的訊號兀地中斷。同一時間，大溪監聽站截聽到彼方幾句對話：

「咦？怎麼消失了？」

「這飛機打下去了，」另一個聲音說：「像他們這樣是沒有好結果的。」

那時，葉常棣正在返航途中，看似一切平靜。忽然儀表板旁的小螢光幕上閃起白色亮光，顯示電子儀器「十二號系統」（System 12）偵測到飛彈來襲。他急忙壓低機翼，朝右下方閃躲。一瞬間，白光已轉紅且急速閃動，耳機裡也傳來尖銳的警告聲，「嗶！嗶！嗶！

嗶！」警訊一鎚鎚敲打著太陽穴，他還來不及反應，飛機猛地震動，聳起的左翼已被飛彈碎片削去一截，機身立刻呈螺旋狀向下翻滾。

機身一被打穿，機艙中的壓力隨即向外爆出，「砰」地一聲巨響，座艙蓋被沖開，人也跟著甩出去。

所有事情彷彿同時在眼前發生，一幕幕凝結成浮光掠影的片段。一團火光。煙塵。震動的儀表板。雲霧。淡白。淺藍。藍色在旋轉……他忽然醒悟，自己正以朝天仰臥的姿勢向下墜落。

他試著轉動身體，手腳划動著用力一扳，終於翻過身來。遠遠的，長江只有細細一線，逐漸寬如手指，隨即嘩——地急速在眼前展開！下墜之勢不斷加快。

天旋地轉中，逐漸能看到黃色大地，腦中忽然蹦出美國教官的警告：「如果從空中已能分辨出顏色，表示距離地面只有大約三、四千呎。」他並不是靠自動彈射裝置跳出機艙，因此降落傘不會自動打開。才動念，立刻拉開胸前的鋼環，降落傘陡地張開。

在空中飄盪時，依稀見到一名解放軍騎著腳踏車在後面拼命追趕，頗有默片式的荒謬喜感，但此時頭腦昏沈，笑不出來，也不覺得害怕。

好不容易終於落在一處小土丘上，落地時，他一個不穩膝蓋撞在田梗上，趴在那兒直不起身來。

撥開頭盔面罩，只見前方田溝裡一座孤墳，兩個小孩兒從墳上探出頭來，卻不敢靠近。都十一月天了，涼颼颼的，小孩兒也不著長褲。「大陸還眞窮困。」他迷迷糊糊的想著，漸覺神智恍惚。

沒多久，出現幾個民兵，肩上揹著磨損的老舊步槍，上頭繫著紅布條，指手劃腳地叫大家別擋路。一會兒，覺得有人把自己抬起來，這才留意到身上都是血，卻並不感到疼痛。

在江西的上饒醫院裡，醫生從他雙腿共取出五十九塊彈片，其中一片貫穿小腿，使他足足躺了兩個星期，膝蓋至今仍殘留許多小碎片。

中國空軍司令員劉亞樓趕到醫院，劈頭便問：「人是不是還活著？」他後來告訴葉常棣，他們也曾試圖搶救陳懷，但送到醫院時，已經太遲。

SAM-2

美國曾充滿信心地保證——飛U－2絕對安全，因為戰機不可能飛到這麼高，不足為懼，也沒有槍炮能打到那麼遠，但陳懷事件推翻了這個神話。

北京方面一直未說明是如何擊落U－2，僅對外嘲諷地說：「我們是用竹竿捅下來的。」

當時西方國家認為中國大陸戰備落後、技術落伍，陳懷事件若非飛機本身故障，就是飛行員在大陸重賞之下投敵去也。一時眾說紛紜。

外界所不知道的是，事實上，大陸使用的是蘇聯製造的「地對空二號飛彈」（Surface-To-Air Missle 2，簡稱SAM-2，也就是一般所稱的薩姆二號飛彈）。根據雙方於一九五七年底達成的協議，中國向蘇聯購得六十二枚飛彈，並在蘇聯專家協助下成立地空導彈營。但是在一九五九下半年中蘇關係惡化後，蘇聯不僅撤回所有科技專家，也不再提供任何資源，飛彈打完便無從補充，因此多半擺在重點防禦位置，比如都城北京。

曾有人向美方提出質疑——U－2路線太過固定。但美國卻不以為意。再說，U－2油料有限，實際上也不可能繞道而行。因此，中國軍方根據一年來收集的記錄，輕易便畫出了

U－2進出大陸的路線：其中十一次當中，三度深入大西北，很明顯，U－2的兩個主要目標，是蘭州和包頭的原子能工廠。另外八次，都集中在長江以南的地區。想要嚇阻U－2，只能靠飛彈，但幅員如此遼闊，該部署在哪兒呢？

細細一看，無論往江南或西北，地圖上縱橫交錯的路徑中，有一個點，U－2經過達八次之多──江西省會南昌市！就下注在這兒了！

於是軍方調遣了地空導彈營二營，駐守在南昌以南四十公里處，埋伏在山坳的松林間。如此守株待兔，終於等到了從長江方向過來、準備出海的葉常棣。

誰能說清楚，戰爭的本質究竟是什麼？

讀完中國大陸出版、陳輝亭少將所著的《飛鳴鏑：中國地空導彈部隊作戰實錄》，不由得掩卷一嘆。感嘆的，倒不是因爲書中所描寫的「五四三部隊」，是黑貓中隊在中國大陸所遭逢的最強硬對手──四個地空導彈營，共擊落五架U－2──而是因爲兩隊人員之間的相似。

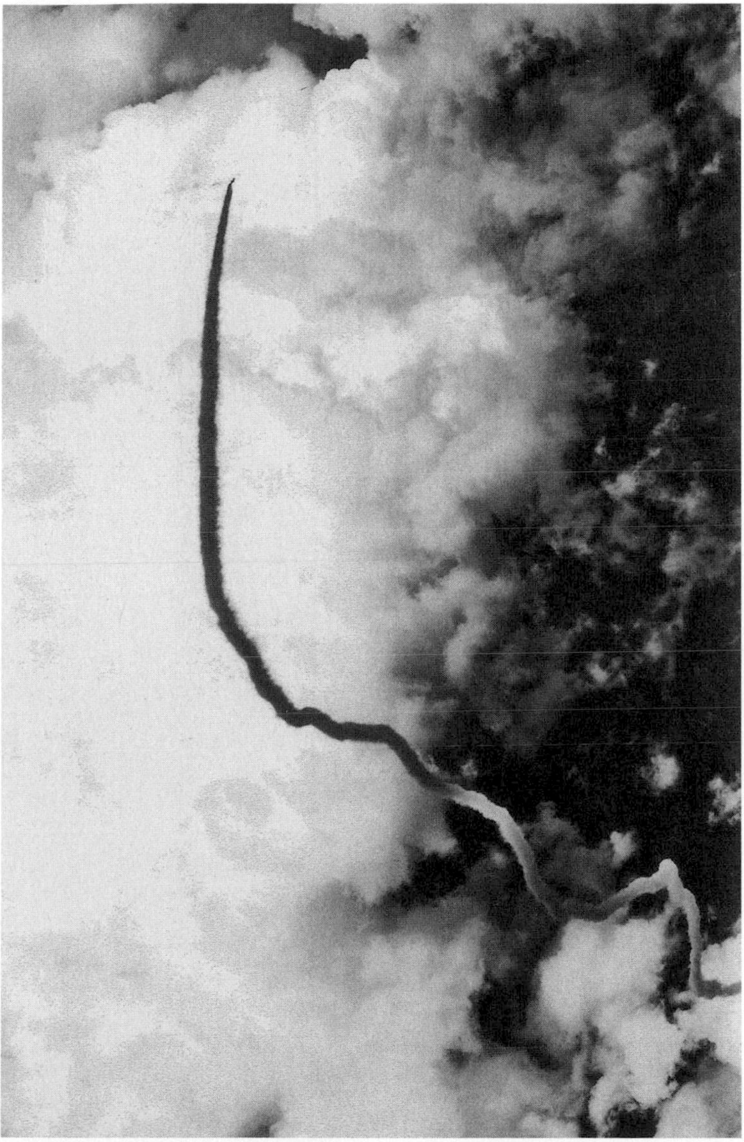

SAM-2捲著濃煙衝向高空（莊人亮珍藏）

都是二、三十歲的年輕人，優秀、忠貞、有實戰經驗，有些正在追女友、有的已成家生子，在人生中各有各的喜怒哀樂。任務同屬最高機密。黑貓出勤時，桃園基地指揮中心裡的隊友屏息守候，而同一時刻，北京中央軍委空軍的指揮所內則嚴陣以待。五四三部隊裡面，無論是負責導彈燃劑的郭普、魏立才，或是座標技師劉新梧、引導技師王覺民，跟出生於福州的陳懷，或成長於廣東的葉常棣，能有什麼仇恨？卻因爲種種因緣，分隔在兩個陣營，兵戎相見。

比對雙方的故事，我看到勝利者的歡呼，也看到挫敗者家人的淚水。而不論什麼年代什麼地方，歡呼都只是一時的，而淚水往往流一生。

當初陳懷被擊落後，美方苦思對策，三十五中隊將近三個月未出任務。最後美國專家在U-2上加裝了一套電子偵測裝備「十二號系統」，可探測到飛彈的雷達導引信號，一旦飛機被地對空飛彈的雷達鎖定，便會發出警告。

王太佑就曾於任務中靠著十二號系統躲過飛彈攻擊，結果他左閃右避，自然偏離了原先的航線，打亂整個航行計畫，只得放棄任務返航。

共軍也很驚訝他彷彿具有未卜先知的能力，總能在適當時機閃躲，因而研判機上必有某種偵測裝置，於是改變戰術，先以長程雷達來追蹤敵機的高度和路線，待飛機進入上空二十五浬射程範圍內，才打開雷達射控系統，啓動後立即發射飛彈。等到機上的十二號系統發出警告，已來不及應變。

一直以來，SAM-2都是U－2的最大剋星，包括後來被擊落的幾架，都是敗在它手下。其實，當初蘇聯急於發展能夠打到高處的SAM-2，主要就是爲了對付闖越領空的美國U－2。SAM-2威力驚人，從地面打到十萬呎高空，僅需四十六秒，也就是說，飛在七萬呎左右的U－2，一旦發覺有飛彈來襲，必須在半分鐘內作出反應。就算一看到警告訊號，立刻毫不猶豫的轉彎，以U－2不甚靈活的構造來說，起碼得花上一分鐘，逃脫不易。

而飛彈爆炸時，自火球中心向外炸開三千多塊碎片，只要在它半徑四百呎範圍內都可能被擊中。U－2結構如此脆弱，只要被彈片擊中，或甚至只是受到強烈的震波衝擊，都可能導致機身解體。

總算當警報系統響起時，葉常棣即時轉彎，飛彈碎片只打到腿上。而被擊中時，他可能曾企圖啓動彈射裝置，卻下意識地拉開了安全帶，才會被甩出機外；也幸虧如此，否則像飛機這樣在旋轉中下墜，用彈射裝置還未必能安全逃生。

這一年的中國大陸內部，已有風雨欲來之勢，六十九歲的毛澤東雖然承認「大躍進」政策失敗，但仍不放棄擔任共黨主席，同時也爲了繼續掌權，正伺機反撲。

葉常棣被俘虜後，雖然並沒有被關進監獄，卻也明白逃亡無望，不論走到哪兒，總有人跟著。沒多久，他被送往北京，住進空軍招待所。

雖然眼下極爲客氣，終究身在敵營，他心下惴惴，不知道接下來會面臨什麼局面，「說不定，明天就被拖去槍斃！」這樣的念頭不時翻攪著。就在這種日復一日的精神壓力下，在北京一待七年！這當中，也隱約知道外界正翻天覆地鬧著文化大革命。

中國空軍司令員劉亞樓糾正他好幾次，「說了幾遍要稱呼『同志』，不能叫人家『先生、小姐』。你這樣到外面，肯定馬上被抓去批鬥。」

形同軟禁的生活，難免因爲行動不自由而感到煩躁，卻也無法反駁劉亞樓的話：「目前讓你和外界隔離是爲了你好。」這倒不是推諉或欺騙，以他的情況，的確難以在狂亂的文化大革命中求生存。

七年之後，他被下放到武漢紅軍生產大隊，過著不折不扣日出而作、日落而息的農民生活，插秧、收割、挑水肥，樣樣都得做。那可不是什麼「採菊東籬下」的浪漫生活，也沒有那樣悠然的心情。

踩在厚實的土地上，抬頭仰望開闊的藍天，究竟哪個更像一場幻夢？

也開始學人抽菸。由於物資匱乏，沒有菸草，只得在菸紙裡夾荷葉，一根接一根，手指都染成了綠色。

往事也如同塵煙，在眼前、在魂夢裡繚繞，難以散去，出現最多的，自然還是妻子Betty。兩人從她高中相識，八年後結婚，新婚才三個月，就被派往美國受訓，在一起總是聚少離多。那日離家前，爲什麼不多說上兩句話？還沒送她結婚週年的禮物呢。不忍細想

——她過得好嗎？

思前想後，淒涼無奈，只感到無比愧疚。下放後第三年，藉口無法入睡，開始向赤腳醫生

楊世駒與葉常棣，1999年攝於美國U-2年會

討安眠藥。待私藏到一百多顆，便寫了封遺書，自云對前途灰心，遂服藥自盡。

當時他獨居倉庫內，第二天一大早，小隊長見不著人，前來敲門，沒有回應，才破門而入將他救活。尋死不能，勞改時間卻因此延長三年。次年，他被派到車廠工作，總算比下田輕鬆。後來時局逐漸穩定，也因爲他英文好，被轉往武漢華中工學院，成了外語系講師。一九七五年老蔣總統過世，三年之後蔣經國總統上台，大陸方面爲了表示友好，釋放了一批在國共戰爭中被俘的國民黨將領。到了一九八三年，葉常棣聽到傳聞，可能會放他走；更令人驚訝的是，下半年居然在北京見到張立義，這才知道自己並非唯一被俘的黑貓隊員。

至此，距離踏出家門，已經整整十九年。

附記

葉常棣被擊落的三個星期之後，一九六三年十一月二十二日，美國發生了震驚全球的暗殺事件——甘迺迪總統在夾道歡迎的人潮中被射殺身亡。前一年夏天，他才剛成功的化解了古巴危機。

古巴自從卡斯楚上台並宣稱信仰馬克思主義後，美國對自家後院這個島國便如芒刺在背，不時派遣U－2飛越墨西哥灣監視。

一九六二年八月，U－2所拍到的相片顯示，蘇聯在古巴哈瓦那附近建造中程彈道飛彈基地，射程可遠及美國中部地區。

兩個月後，美方從U－2相片中駭然發現，蘇聯已將中程彈道飛彈運到古巴，而且再過幾個星期，飛彈發射基地就可啓用。美國代表史蒂文生立刻在聯合國大會中詰問蘇聯，並舉出U－2所拍攝的一批黑白相片爲證，蘇聯代表爲之語塞。兩大強權橫眉以對，戰爭一觸即發。

電影《驚爆十三天》（*Thirteen Days*）生動描繪出當時美國總統甘迺迪及幕僚群運籌帷幄，以外交手腕和軍事實力化解這段危機的經過，若想一瞥U－2身影，不妨仔細觀賞這部影片。

一九六二年底，蘇聯終於將飛彈自古巴撤離，一場危機才告落幕。

第四章

零下二十三度的夜晚

「我一切都想開了。自由是無價、可貴的，人只能活一次，我的青春中最寶貴的一段，都是一片空白，我還能要什麼？」

——《黑貓中隊》張立義

他呵著白氣，收攏降落傘，雙臂緊緊環抱胸前，顫抖著雙腿費力的跳動著來取暖。就著月色左右環顧，但見鴻濛大地，四野漫無邊際，盡是一片白雪。

離家兩千公里，他頹然跌坐在冰冷的降落傘上，但覺千頭萬緒，不知從何想起……

三個多小時前，張立義剛從南韓的郡山美軍基地出發。高空像是深邃的海溝，一片暗藍，銀河系中的四千五百億顆星星，鑲嵌在海溝幽暗處。寂寞，使一路相隨的月光愈發清冷。

打從一九六四年底，U-2換裝了紅外線相機之後，在夜晚也能拍到清楚的相片，遂開始進行夜航任務，恰如其分的似一隻黑貓在夜間出沒。

一九六五年一月十日是張立義的第五趟任務，卻是他第一次在夜間深入中國大陸。他在傍晚六點多起飛，逐漸遠離城市、遠離山林，最後，將大地留在身後。

下方，人們正在吃晚餐，然後，投入電視與廣播劇的愛恨情仇；待睡眼惺忪，便爬上溫暖的床鋪，幾小時後天亮醒來，便準備上演自己人生中的情仇愛恨。對他們而言，世界是由一連串熟悉的人事物構築而成，日復一日，年復一年。而他恰巧選擇了一種全然不同的生活方式。

他沿著上海外圍北上，八點半抵達天津，但見底下城市燈火通明。他拿出地圖對照航線，從這裡將左轉深入內陸，過了大都市，就只能憑星座來確定方位了。

一路西行，四、五十哩外，就是目的地包頭。忽然間，毫無預警的，只見窗外紅光一閃，耳中一震，飛機跟著劇烈顫抖，儀表板上微弱的照明燈頓時熄滅。

在一片黑暗中，他看不到飛機受創情況，卻已失去操控，心知是方才飛彈在附近爆炸所致。他本能的去拉座位上的手柄，艙罩立刻飛開，只感覺連人帶椅彈出機外，衝向夜空中的星群。

也不知過了多久，迷迷糊糊睜開眼睛，身旁一片漆黑；試著移動身體，卻碰不到任何東西，手腳在空中晃動。這是哪裡？向上看去，蘑菇似的降落傘遮住了頭頂的星空，自己正在空中緩緩飄盪。

「對了，剛才是在飛行。」他慢慢回想起先前混亂的場面，飛機失控後，似乎曾打開自動彈射裝置，但是降落傘要到一萬呎左右才會自動張開，那麼張開之前呢？他怎麼也想不起自己是如何從七萬呎高空往下掉的。

在那段空白的時間裡，他是以賽車般的高速——大約每小時兩百五十公里的速度——往下墜落。

在彈射出來後，人自然被吹得向後翻滾，可能曾短暫失去知覺。也幸虧如此，他才沒有自行拉開降落傘，否則傘一張，便得慢慢飄盪在空氣稀薄，且溫度只有零下六十多度的高空裡，很可能因為時間過久而缺氧或失溫喪命。過去就曾有美國U－2飛行員在五萬多呎跳傘後立即張傘，結果花了二十多分鐘才落到地面。

早期U－2為了減輕重量，並未設計彈射椅，飛行員在逃生之前，必須自行打開艙蓋。到一九五八年中，才加裝輕型的馬丁貝克（Martin-Baker）彈射裝置。張立義被擊落的前一年，才改良成在啓動彈射椅的同時、艙罩會一併自動彈開。

而U－2史上首次使用彈射椅逃生，竟是由一樁烏龍事件所引起。一九六〇年夏天，美國飛行員邁爾斯（Raleigh Myers）在德州進行飛行訓練時，一時無法克制菸癮，竟然掀開頭盔抽起菸來。他雖然沒忘記將氧氣管關閉，卻不料活塞故障，氧氣仍繼續流通，結果引發座艙火災，使他不得不啓動彈射椅，棄機逃命。

一月份的內蒙古，冷得連淚水都可以結冰。幾天前剛下過雪，雪在漫無人煙的大漠上積了一尺多厚。仔細傾聽，沒有疾馳而來的追兵，也沒有受到驚嚇而奔竄的野獸，只有狠狠颳過的風聲。

張立義脫下揹在身上的降落傘。冷冽的陌生月色下，極目所及，四野平坦，彷彿來到天涯盡頭。

飛行衣上有破洞，卻不知道哪裡受傷。寒風似乎凍結成一塊尖銳的固體，慢慢刺入骨髓，肌肉也逐漸麻痺，他強迫自己起來不停活動，累了就倒在降落傘上休息。此刻分不出東西南北，也不知道哪裡有人家，如果毫無目的地亂跑，只是徒然消耗體力。

機艙內，充當座墊的方盒裡，放著一袋「求生包」（Survival Kit），裡面有一些乾糧和巧克力，此時如果在身邊，好歹還能果腹；而裡面應急的醫療用品和求救用的信號彈，就更能派上用場了。至於盒中那套從香港弄來的大陸舊衣鞋……唉，就免了吧，就算改裝又如何？雖然在集訓時曾受過求生訓練，但此地遠離基地兩千公里，難道真有可能逃回去？

每次出任務前，負責裝備的PE（Personal Equipment）人員總會在飛行連身衣的褲腿大口袋中塞進一包塑膠袋，裡面除了人民幣外，還有幾條五兩重的金鍊子和金戒指。如果是〇〇七電影，大概就會出現這樣的情節——火光中，飛行員奮力跳傘脫逃，以完美的姿勢落地後，迅速換上大陸本地衣裝，然後不慌不忙的掏出兩塊巧克力拋進嘴裡，順利混入人群，連口音都標準得不啓人疑竇；這些金錢正好用來買通人協助逃出鐵幕……

可惜，在眞實情況中，他們只是飛行員，只負責到目標上方打開相機開關，離開目標區後再關上開關，甚至連自己收集到的情報相片都沒見過一眼。那種諜報片情節，還是留給龐德吧。

他不禁嘆口氣，到了這地步，已經不覺得緊張或害怕，只感到一片茫然。如此遙遠陌生的地方、如此寒冷的夜，今後會如何？妻子和三個孩子又怎麼辦？

與老蔣總統合照。後排從左至右為王政文、徐煥昇、王錫爵、張立義（張立義提供）

爲了怕飛行員被俘後會遭到酷刑拷問，中情局曾準備了一些氰化鉀藥丸，提供給即將出任務的美國飛行員，讓他們自行選擇是否攜帶。呑下這些藥丸，十到十五秒內就可以結束性命，大部分飛行員都謝絕了這番「好意」（註1）。

曾有一名貪吃檸檬糖的美國飛行員，在任務途中一時嘴饞，忍不住從褲袋中掏出糖果來吃。他打開頭盔面罩，將糖丟進口中，卻沒有嚐到檸檬味；他覺得奇怪，不禁又打開面罩，將糖果吐出來一看，天吶！竟是那顆氰化鉀藥丸！還好外殼尚未融化。

這個事件之後，中情局才下令將藥丸一律裝在盒中。這種作法只維持了三年，一九六〇年之後，便不再聽說有毒藥這回事。

至於台灣U－2的情形，外界也繪聲繪影的作種種揣測，事實上，黑貓中隊也從不曾提供毒藥給飛行員。

張立義胡思亂想一陣，又縮在降落傘裡睡一會兒，再起來活動活動取暖，就這樣淒涼愴然地度過零下二十三度的一夜。

好不容易挨到天亮，在朦朧晨光中，似乎看到遠處有炊煙，蒼茫大地上，散落幾個土色的蒙古包，便向那兒走去。凍了一夜，雙腳腫脹得分不出哪裡是腳踝，也穿不下靴子，只有脫了鞋，在雪地上慢慢爬行。

這樣的寒冬清晨，身上又負著傷，短短一、兩哩路，行來狼狽不堪。雪地一片寂靜，只聽見自己的喘息聲，手一軟，仆倒雪上，意識似乎慢慢飄遠……又悠悠盪盪回到眼前。刺骨的寒風、極度身心疲倦、以及這令人昏亂的景況，正逐漸削弱他的體力和思維。

眼前飄過陣陣白煙，卻是自己吁出的氣息。略一定神，直起身來，靠著多年軍旅生活粹鍊出的意志力，強迫自己繼續慢慢往前爬。

村人忽然看到一個奇裝異服的人出現，都嚇了一跳。由於民兵前一晚已經在這附近搜索，便有人去通報，將他帶到內蒙的軍營，當天下午就被送往呼罕浩特。一路上都是綿延的沙漠，天地遼闊，他卻已成爲階下囚。

第二天，北京方面派來專機，將他送到北京的空軍總醫院，而且極爲保密，將病房設在地下室，除了兩名醫生和特別看護之外，醫院裡只有極少數人知道這件事。

被送到醫院時，他只覺得看東西十分模糊，卻不知道自己的雙眼就像兔子般通紅；因爲從高空彈射出來時，外界氣壓過低，使得眼球血管漲裂，整個眼睛充血，在醫院用紅外線儀器照射了一、兩個星期，才將血收乾。

此外，除了右肩被彈片擊傷，脊椎第三節也受到挫傷，但最嚴重的還是雙腳，完全失去感覺。他試著移動，卻覺得腳下如同石板一樣僵硬，十個腳趾甲也被凍得盡數脫落。他躺在沒有窗戶的病房裡，無法下床走動，每天瞪著天花板，心裡盼望這只是一場惡夢。

躺了十多天，雙腳才終於慢慢恢復知覺，但是一直到隔年春天，走起路來仍會感到疼痛。

這年盛夏，在炙熱的暑氣中，北京長安街上的人民軍事博物館，展出了四架被擊落的U－2殘骸。

張立義在醫院待了一個月後，住進空軍招待所，由四個小兵陪著，像葉常棣一樣被軟禁，但兩人從來不知道對方也在這裡。有時共軍高幹前來探望，也會陪著他外出參觀，卻不准和其他人交談或閱讀街上的大字報。

他生長在南方，從來不曾到過北京，沒想到這古老城市的街頭如此井然有序；等候公車的人一律耐心排隊，去看歌劇「東方紅」時，劇場裡也無人喧嘩，竟比當時的台灣社會還有秩序。

後來從人民日報上，也得知外界正在變動。毛澤東爲了把持權力，在一九六六年發動文化大革命；當改革的熱情轉變成鬧劇，背後權力鬥爭的本質便表露無遺。他在北京的五年間，正好目睹社會秩序崩潰。

他和葉常棣一樣，很幸運的並沒有被捲入這場動亂。一九七〇年，他被送回南京老家，下放農村勞改。望著開滿黃花的油菜田，心中無限感慨，二十七年前，爲躲避戰火，舉家從這六朝故都倉皇逃亡，但怎麼也沒想到，返鄉時是這種局面。

家人事前完全沒有得到任何消息，乍然相見，都無比驚訝。

他在小學畢業後考取空軍幼校，一日接到通知，要他去成都報到，哪知道過江之後，就再也沒回過家，甚至沒有機會和母親說再見。那年他才十三歲。

命運似乎總愛和他玩急轉彎的特技把戲。少小離家，在分別二十八年後，居然還能和母親重聚；但這次，卻來不及向妻兒道別。

南京古城已無金陵王氣，正試著擺脫日本戰亂的陰影。農田依然富饒，農民們每天總是破曉時分就出門，有挖不完的地、挑不完的土，農忙時甚至一天工作超過十二小時。冬天無須下田，卻必須幫忙疏濬河道。柔媚的秦淮河畔，早就不再有舞榭歌臺、六朝風韻，反而是淤沙積泥，影響了航行。寒冬臘月裡，仍得泡在冰冷的河水中，一擔一擔掘泥開渠。一年到頭，竟只有端午和中秋得以偷閒。

隊上一百多個農民都是同村人。雖然知道張立義是被俘下放，卻待他極為友善，喚他「老張」，熱心地教他如何種稻、如何使用抽水機。後來信任他老實，讓他負責記錄各人工時，以便年底分配工資。村裡的小孩也喜歡找他玩耍。

生活雖辛苦，但這些純樸的農人，使他在荒謬的人生困境中，至少還感受到家鄉的溫暖。

幾年後，他被選為「積極份子」，代表隊上到雨花台開會。一開始不免有人嘀咕，選一名俘虜作代表，豈不怪異？但又想，他工作認眞，倒也當之無愧。

就這樣，他在鄉村度過五年單純的農民生活，共產黨竟然也眞的不翻舊帳，把他當做普通老百姓看待，因此並未捲入任何批鬥運動。後來念他年近半百，恐怕體力無法負荷、又無人照料飲食，因此將他調往工廠上班。臨別時，村人都極捨不得他離去。

他被分派到一間製造汽車鋼套的小工廠，沒事敲敲打打、上上螺絲，一個月就有三十多元工資，不像農民，要到過年時才能分到幾十塊錢。

在這裡，他從「老張」變成了「張師傅」，又待了五年。回到家鄉十載，他認命的插秧、掘河、給機器上油、栓緊螺絲，不再去想在空中凌駕一切的刺激與自在。那個被人喚為「Jack」的U–2飛行員，彷彿是另一段時空裡、另一個人的故事。

美國和中國大陸建交後，開展出新的國際局勢，也即將再度轉變張立義和葉常棣的人生。在工廠待了五年，張立義一頭霧水的被調到航空學院，冠上工程師頭銜，管理實習工廠。同一時刻，在大學當講師的葉常棣，也升格為副教授。他們當時並不知道，這正是釋放的前奏。

時機終於成熟。一九八二年，兩人分別從南京和武漢被召到北京。高層幹部告訴他們：「現在有個機會讓你們出去探親，要留下也可以，或是出去後想再回來也行。」言下頗為寬大，兩人都不敢相信居然眞的等到這一天。

這年，葉常棣四十九歲，張立義五十三歲，臉上都刻劃著多年勞苦的風霜。

八月底，人民日報公佈了這消息。三個月後，他們搭上火車，從廣州前往羅湖。一路上，心始終隨著隆隆的車軌聲上下起伏，深怕臨時有變。好不容易通過出境檢查站，搭上前往香港的火車。直到駛離月台，慢慢看不見解放軍、看不見崗哨，才敢相信眞的要回家了。

到了香港，負責中國在港事宜的中國旅行社，安排他們住進國際飯店，又給他們每天兩百五十元港幣做零用金，並再三提醒他們因爲簽證緣故，在香港停留不得超過半年。兩人心想反正要回台灣了，也不以爲意。

誰知道，將近二十年的歸鄉夢，最後竟然被自己的政府拒於門外。

張立義被擊落那晚，許多人徹夜未眠。當他沿東海而上，大溪的監聽站已截聽到中方空防系統正展開全力追蹤。在他從海岸轉進內陸一個多小時之後，忽然一切追蹤停止，空中只剩一片不祥的寧靜；過了五分鐘，便傳出解除空防警報。

同一時間，在桃園基地的指揮室裡，Bird Watcher接收的訊號忽然消失，指揮室裡一片嘩然。迅速比對座標位置後，發現他位於北京西北方、靠近內蒙包頭一帶。

經過漫漫長夜等待，第二天，中國發佈消息：再度擊落一架U-2。由於保密工夫到家，連美國情報單位都沒有發覺張立義和葉常棣仍然活著。台灣軍方宣佈他們「失蹤」，實際上認定兩人已死亡，而在新店空軍公墓築起衣冠塚。

當時擔任空軍總部參謀長的楊紹廉，在事隔四十四年後，依然對那一夜印象深刻。當晚，他和情報署長黃克亮以及特業組的盧錫良，一起在空總戰情室守候，準備接聽三十五中隊的專線電話，以隨時了解情況，忽然聽到大門崗哨高呼敬禮，趕緊走到門口，原來是當時擔任國防部副部長的蔣經國特別前來關心U-2任務。沒想到，就在向他做簡報當中，隊長楊世駒來電，報告飛機失去連絡的壞消息。

因緣流轉，在張立義被擊落的十七年後，蔣經國已是總統，而當人民日報刊登釋放他們的消息時，台北高層卻認定這是「統戰技倆」，拒絕他們回國。

過去負責總管U-2事宜的衣復恩，此時早已遠離權力中心，根本無力幫忙。當年葉常棣被擊落時、剛升任黑貓中隊隊長的楊世駒，正在華航擔任機長，便趁出差到美國華府時，找到美方當年負責U－2計畫的行政主管康寧漢（James A. Cunningham, Jr.）求助。

總算康寧漢仍念舊情，二話不說便去找中情局副局長，劈頭就問：「這兩人雖然不屬於我們空軍，但替我們做了不少事，我們現在該怎麼辦？」當年U－2飛行員鮑爾斯被蘇聯釋放時，副局長曾是康寧漢的助手，他只考慮片刻，便爽快的接下這燙手山芋。

中情局內部有人質疑：「他們自己的政府都不管了，為什麼我們要攬過來？」康寧漢則反駁說：「當初我們簽訂合約，他們就是代表美國去執行任務，這兩個飛行員不就等於我們的人？」

一心一意期盼回國的葉常棣和張立義，抵達香港好幾個月後，在旅館見到中情局派來的人員。對方喊了聲：「葉少校！張少校！」伸出手來握手招呼，並從口袋掏出兩個信封遞過去，一面請他們簽寫收據。

陪在一旁的楊世駒皺起眉頭，心裡納悶著，一見面就簽什麼東西？只聽中情局人員接著說：「我謹代表美國政府交給你們這筆錢，今後我們將保證你們生活無虞。」

葉常棣打開其中一個信封，裡面有兩千美金，一時感慨萬千。「唉！我又不是美國飛行員，我是中華民國的空軍少校啊！」落難十多年，最後竟是美國人伸出援手，心裡雖然感激，卻也覺得無比難堪。

還是中情局的代表打破沈默，看著他一身新衣服開玩笑地說：「你一點也不像剛從大陸出來，倒像個成功的生意人呢！」又問他們：「對今後生活有什麼想法？」

葉常棣英文比較流利，便代表回答：「我們當然要回台灣。」這時，中情局人員才明白表示，目前台灣當局絕不可能同意讓他們回國。

兩人無奈，最後只好決定前往美國。還是由中情局幫忙出文件，以聘請他們為「亞洲顧問」的名義，幫他們申請簽證。

兩人在五月份抵達落杉磯，機艙門一打開，一位洋人迎上前來，身上一襲老舊的軍用夾克，胸前紅底黑色的隊徽上，分明是那隻熟悉的黑貓身影，原來是曾經在桃園基地擔任美方安全官的「大鼻子」John，在這種情形下再度相逢，歲月之外更添滄桑。

出了一趟好長好長的任務，1990年，兩位黑貓隊員終於歸隊。第二排中央著深色西裝者為楊世駒，葉常棣和張立義分坐兩側。

當年葉常棣被擊落後，妻子Betty幾乎崩潰；她多年後移民美國，改嫁一名華人教授。當她在報上看到葉常棣將被釋放的消息時，極爲震驚。後來兩人在美國通電話，Betty告訴他，報上相片模糊，他把手揹在身後，她卻以爲他雙手齊斷，還爲此大哭一場。

他不願破壞她現有的家庭，黯然離去。由於膝蓋內仍有未取出的飛彈碎片，當天氣轉冷、或上下樓梯時，都會感到如針刺痛，醫生建議他住在溫暖的南方，遂前往德州，和Betty的姊姊合作賣漢堡，後來又在珠寶店擔任經理。張立義則住在華府，管理一間老人公寓。兩人多次申請回台探親，只得到「於法不合」的回應。

同樣是遭擊落被俘，美國的U-2飛行員鮑爾斯被蘇聯囚禁一年多後，在美方外交斡旋下被釋放，回國後獲軍方頒贈獎金。他在獄中雖然曾供出一些機密，回國後卻沒有被判刑，因爲美國軍方認爲他是在高度壓力下才做出供詞，不能以「通敵」論罪。

反觀當時台灣高層的處理，不僅沒有一聲慰問，且對兩人抱著敵意。這可比零下二十三度的大漠之夜、炮彈碎片貫穿身體的傷，還冷，還痛。

直到又經過七年，張立義和葉常棣才終於在一九九〇年被允許返回台灣，回到他們出發的原點。這片親切又陌生的土地，將兩人看做遲歸的英雄，掀起一場熱潮。

他們這趟「Sentimental Journey」，如此曲折而漫長。

後記

在慶祝兩人回國的某場宴會中，我看到張立義與他分別多年的妻子，雖然鬢已星星矣，仍讓人想起所謂的「英雄美人」。幾經掙扎，她再嫁的丈夫決定成全他們，獨自遷往島的南部居住，使張立義終能回到台北和妻兒團聚。

這其中，是誰的悲歡、誰的離合？

還記得二〇〇一年在他們台北公寓探訪張立義，他太太坐在客廳那頭的沙發上，腿蜷起縮在身邊，看我們在餐桌旁談話。客廳燈光不強，看不清楚她的表情，不知道我們搬出往事讓她想起了什麼？在這些英雄背後，有許多傷心的眼淚，當時沒問，後來她因病過世，就再也問不到了。

至於葉常棣，回台灣時再婚，目前住在美國德州，興之所至，仍偶而獨自駕小飛機取樂。

我走訪了大部分仍在世的黑貓隊員，發現他們最特別之處，就在於他們並不覺得自己特別，「只不過剛好喜歡飛行罷了！」

但他們的確是有傲氣的，因爲他們曾經在如此艱困的情況下完成任務，也享受過在漫無邊際的高空悠然翱翔。不管時光如何流轉、人事多少變遷，提起飛行，他們眼裡閃動的光彩和那份自信，已經訴說了一切。

公允來說，這適用於那一整代的飛行員！

註釋

註1：引自《Discussion With Dr. Alex Batlin Re Project MKNAOMI》

第五章

夜探敵營

「對那位飛行員來說，黑夜是沒有岸的，因爲它既不通向港口（所有的港口都像是不可接近的）、也不通向黎明。一百分鐘後就沒有汽油了，遲早，他都會被迫捲入黑夜深處。」

——《夜間飛行》安東尼·聖艾修伯里

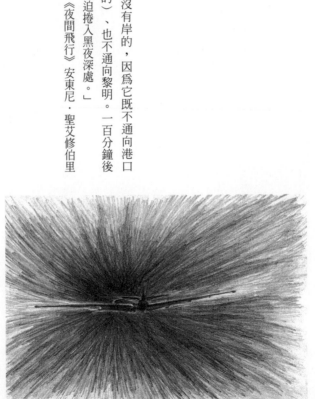

如果你剛好認識一些飛行員，尤其是那些經歷過戰亂的老式飛行員，你可能會察覺他們具有某種特質，某種不受拘束、打從骨子裡透出的玩世不恭的味道。說豁達也好，不拘小節也好，或者大而化之也行，總之形成他們某些獨特的魅力。

那可不是靠太陽眼鏡和皮夾克的外表就可以裝出來唬弄人的，而是來自生命中所見、所聞、親身經歷，和「命運」打照面的眞實故事。

還記得張立義是在一九六五年一月十日被飛彈擊落嗎？其實在一個月前，一九六四年十二月初的時候，他就曾被派遣進行完全相同的任務，原定由南韓出發前往包頭市，但起飛前兩小時，他忽然肚痛腹瀉，只好由待命的王錫爵遞補。結果王錫爵起飛後不到一小時，就因爲十三號警告系統故障，不得不折返桃園基地。張立義則是坐著運輸機，一路吊點滴回到台灣。

一月八日，王錫爵從桃園直飛蘭州，一路無事。之前埋伏在蘭州附近、曾襲擊他的地空導彈營，因爲伏擊不成，已遷到包頭附近等候。兩天後，等到了再次被派往包頭的張立義。

「感覺這好像是……跑不掉的。」坐在台灣公寓家中，張立義平淡的對往事做了個結論。除了當年被凍傷的雙腳、因舊疾復發而提醒著往事之外，再大的情緒，也隨時間慢慢過去了。日子還是要往前走。

張立義被擊落後四個月，王錫爵在湖南、廣東一帶偵照，發現白雲機場有二十多架戰機。十七年後，他轉到中華航空公司擔任正機師，因爲不滿人事問題，駕著滿載榴槤的七四七貨機，在曼谷起飛後改道直奔廣東，降落地正是這個機場。後來他留居中國，還曾擔任政協委員和北京民航局副局長，目前也早已退休。

但當他擠在不過三呎寬的駕駛艙裡、在大陸上空進行飛行任務時，如果有人告訴他日後會有這種轉折，想必會遭他狠狠地用家鄉話開罵——「格老子的！」

U-2在一九六四年十一月換裝紅外線照相機，得以在夜間照相。黑貓中隊第一個在中國大陸進行夜航任務的，就是王錫爵。

深夜高空裡，他展開匣中的航圖，忙著使用六分儀（Sextant）測量星辰，以判斷座標方位。一道以2B鉛筆畫出的黑線，在這份比例尺百萬分之一的航圖上，對準大陸中心而去，在蘭州市打了個圓圈。

抵達那兒，就該打開相機了。一個多月前，中國才在這附近的羅布泊地區，試爆第一枚自製原子彈。

U-2的任務內容，是由中美雙方依據需要提出要求。通常是根據粗略的衛星相片或情報員所收集的片段資料來決定。

任何一方提出要求後，都必須經過中美雙方層峰共同認可。台灣一開始是直接向老蔣總統請示，後來交由當時擔任國防會議副秘書長的蔣經國負責。

執行任務前一天，隊上通知飛行員回基地待命，同時由兩位航行計畫官根據目的地，參考天氣狀況等資料來規畫航線。

出任務時，飛行員其實並不清楚目標物是什麼，只是按照計畫好的航線前進，並在預定的時間和地點啓動或關閉相機。完成任務後，也不會有人告訴他任何從相片上得到的情報，他甚至連相片都看不到。

當時美方最感興趣的，是遠離台灣三千公里以上的蘭州和包頭市，這兩處都有核子反應爐，可以生產鈾二三五來製造原子彈。位在包頭北邊的雙城子，則是飛彈試射基地。

蘇聯曾提供人才和裝備，爲中國奠定發展核子武器的基礎，但兩國在五〇年代末期，對於馬克思主義的一些理論，以及國際戰略格局的看法日益分歧，互相指控對方爲異端而交惡，最終蘇聯撤走所有科技專家與經濟援助。當時由錢學森領導的一大批研究人員，土法煉鋼式的自行發展，居然在五年內成功製造出第一顆原子彈。這顆原子彈代號「五九六」，就是爲了牢牢記住蘇聯專家在一九五九年六月撤出，爲此賭一口氣。

另外，中國第一枚州際飛彈也在一九六三年十一月試射成功，美國也急於了解，位於江西省東部的州際飛彈發射場，何時會具備發射長程核子飛彈的能力。

這些，都有待U-2飛越千里，帶回消息。

中國在一九六四年十月十六日首度試爆原子彈，相當於美國在二次大戰中投在廣島的原子彈威力。但美方懷疑這只是小試身手，蘭州或包頭的核子原料工廠，實力應該不只如此；一旦掌握了技術，發展出氫彈是遲早的問題。

蘭州扼守河西走廊東端，自古是通往西域的重要樞紐，黃河自城北蜿蜒而過，核原料廠利用這條大河，冷卻在提煉鈾二三五過程中所產生的熱度。工廠排出的高溫廢水，在黃濁的河面形成大量蒸汽。

爲了了解核原料廠的生產力，美方科學家最後想出一個方法。先以美國田納西河畔的核能工廠爲樣本，根據田納西州當地的日夜溫度及水溫，和蘭州一帶相比，再比較兩者所產生的蒸汽量，就可以估計蘭州廠每個月大約生產多少原料，也就能推算出大約可製造多少枚原子彈。

收集這些數據，需要在晚上進行，於是將U－2換裝紅外線相機，在夜間出動拍攝。紅外線底片對熱源，以及不可見光譜的紅外線非常敏感。底片沖洗出來後，看上去一片模糊，不知情的人會以爲出了什麼問題，但美國情報專家卻可從這片白茫茫的煙霧中，分析出核武實力。

固定在U—2機腹下方的大相機，性能在當代首屈一指。飛行員只需啓動開關，它便會自動連續拍照。鏡頭焦距三十六英吋的長鏡頭，（大約九一〇mm，標準鏡頭爲五十mm），從七個角度來回不停地轉動，將航路中心線左、右各一百哩範圍內的情形拍攝下來。

一般傳統單眼相機，以常見的一三五底片爲例，單張尺寸二十四公釐乘三十六公釐，一卷三十六張的底片大約五呎長，U—2的相機卻可攜帶長達八千呎（相當於兩千五百公尺）、寬九吋（約二十二公分）的底片，足夠連拍九小時。

回到基地後，這些底片被沖印成四千張十八吋的大相片，全部排起來有一哩長，可以拼成一張涵蓋五千公里長、兩百公里寬的地面景象。在這條長型走廊範圍內的情形，一覽無遺，而且解析度極佳，放大後甚至可看到站在窗邊的人。光是分析研判這數千張相片，往往就要花上幾星期時間。

楊世駒在擔任黑貓中隊隊長期間，曾陪同空軍參謀長楊紹廉參觀過位於美國內布拉斯加州奧瑪哈（Omaha）的美國戰略空軍司令部，戰情中心深藏在地下兩百英呎處。U—2拍回來的中國大陸相片，在這裡經過仔細分析後，整理出各項軍事部署調動情形，張掛於牆面。

雖然從一九六二年底，人造衛星便開始加入蒐集情報的行列，但拍到的相片卻遠不如U-2清晰。

參與設計U-2這台特殊相機的，都是一時菁英。除了康乃爾大學航空實驗室的唐納文（Allen Donovan）、伊士曼柯達公司的來亨（Richard Leghorn）外，還有哈佛大學天文學家也是著名的相機鏡頭設計師貝克（James Baker），以及發明拍立得相機的連德（Edwin Land）。

最初決定製造高空偵察機時，可以說就是在這群頂尖科學家的建議下，美國高層最後才從幾位角逐者中，決定採用強森的設計。

然而，首度在大陸上空夜遊的黑貓，卻鎩羽而歸。

王錫爵在途中，正全神貫注以六分儀測量星辰以對照航線，座艙燈卻突地熄滅，猶如一塊黑布兜頭罩下，艙內頓時陷入一片黑暗。外界濃重的夜色襲捲進來，他緊緊握住駕駛盤，

1962年北京空照圖（華錫鈞珍藏）

手心滲出冷汗。

等眼睛慢慢習慣黑暗，繃緊的神經才逐漸放鬆下來。左右打量，飛機依然完好，原來並不曾遭受攻擊，但一時間也弄不清楚是哪處機械故障、導致電源中斷。座艙內只剩儀表板上一絲微弱的紅色螢光。

他在心裡暗罵一聲，這樣一來，只得放棄任務調頭回家了。他摸索著壓力衣靠近小腿附近的口袋，找到隨身攜帶的手電筒，就著一小圈昏黃的燈光照看地圖，一路摸黑回到基地。

但是，大陸方面已經從雷達上發現他的蹤跡，而察覺U－2開始夜闖禁區。

黑貓中隊前五年當中，飛行員的折損率超過一半。當時，隊上只剩王錫爵和張立義兩人輪流飛行，偏偏三個月來狀況頻仍，除了夜航電力故障外，又因爲機上的警告系統故障，再度取消任務。

接著王錫爵再次前往蘭州時，遭到飛彈攻擊。SAM-2炫目的火光從旁閃過，造成他短暫失明，什麼都看不見，所幸自動駕駛儀尚可正常運作，便靠著它返航。

帶著一肚子火回到基地，一眼瞥見走廊上長磚形的花盆，怎麼看怎麼覺得外形觸霉頭，

「呼」地一腳將它們全踢翻。

紅外線相機拍到至少三枚飛彈沖他而來。

科技對決

美國空軍U－2所屬的四〇二八中隊，已從德州遷往亞利桑那州的戴維斯蒙森（Davis Monthan）空軍基地，這裡同樣是滿山礫石沙漠，偶而散見高大的仙人掌叢。

一九六四年底前來這裡受訓的盛士禮，在高空中緊急逃生，彈射而出，結果掉到仙人掌上，札了一身刺。當時他是遵照塔台雷達指示飛行，卻飛進雷雨區，U－2無法承受亂流襲擊，雙翅和尾翼都被折斷。

其實這次事故不能算是他的錯，但他之前在愛達荷州，曾有另一次從U－2跳傘出來的記錄，美方認爲一個受訓人員接連折損兩架飛機，耗費數百萬美元，代價實在太高，又擔心他情緒受影響，而決定讓他停訓。

他回到台灣後，仍繼續飛F-104戰機，最後不幸失事殉職。

在這一年裡，台灣興建的第一條快速道路——麥帥公路在台北正式通車。這條路名象徵著當時的中美情誼，而當時美國的盟友也多半仍承認台北是代表中國的唯一合法政府。同時，經濟也猶如踏上快速道路般，一路飆升，台灣外貿首度出超，製造業產值開始超過農業。

這正是美國掀起嬉皮浪潮的年代。年輕人蓄著過肩長髮，在搖滾樂與大麻的恍惚氣味中，高呼反戰口號，V字手勢成爲最時髦的標誌。瀰漫自由主義氣息的加州柏克萊大學，引爆全美學潮。

越南自一九五五年開啓戰端，前六年當中，美軍參戰人數還不到一千；一九六四年中，美國驅逐艦在東京灣遭北越的魚雷艇襲擊，戰事急速擴大。一九六五年初，美方開始派遣戰機轟炸北越；到了年底，美軍被送往越南的人數已超過十八萬。

蘇聯和中國則分別運送補給品與軍備到河內，由於韓戰的前車之鑑，美國這次特別關心北京方面的動向，即派遣U－2前往南中國，監測軍事調度情形。

這些任務有時從泰國的塔克力（Tahkli）美軍基地起飛。通常的作法是，先由美方飛行員駕著U－2從桃園飛到當地，台灣飛行員再隨後搭乘中情局的專用運輸機前往待命，連護照也不用帶。為了掩飾身分，他們在基地裡總是冒充來自夏威夷的飛行員，雖然不太具有說服力，一般人也不會深究。

有一回，王錫爵到泰國出任務，隨口提及想帶一隻當地的波斯貓回去，幾天後進宿舍，竟發現一隻純種波斯貓坐在房裡。當時美國在東南亞的情報主要靠U－2蒐集，中情局對這些飛行員可說有求必應。

一九六四年七月七日抗戰紀念日當天，王錫爵在桃園駕著U－2向大陸出動，另一方面，李南屏駕著另一架U－2從菲律賓的美軍基地起飛，偵察中國從華南地區向北越運送物資的情形。同時還有一架**RF-101**巫毒偵察機同時向大陸前進。

守候在桃園基地指揮室的人員，其實比較擔心第一次出任務的王錫爵，卻忽然聽到李南屏在座艙中喊著：「啊！我被鎖住了。」之後再沒有任何消息。

李南屏眼力極佳，曾待過戰鬥機與偵查機部隊，也曾為雷虎小組成員，出過許多任務，素有「空軍王牌」之稱。他在七月份的這趟任務中，於返航時，在福建上空被飛彈擊中，墜毀在漳州附近，沒來得及從座艙中逃生。

解放軍在殘骸中找到一枚戒指，便拿去詢問當時正被軟禁在北京的葉常棣。他看到戒指上刻著「葉秋英」，知道是李南屏新婚妻子的名字，內心不由得一陣傷痛。在飛巫毒偵察機時，他們曾是隊友，如今天人永隔，而自己和親人，更不知哪日才能重逢。

時移事遷，李南屏在漳州的墓地，現在已變成工廠倉庫區，家人雖有心，卻無從尋覓埋骨處。

陳懷被擊落後，美方在U-2上加裝了「十二號系統」，可以偵測飛彈的雷達訊號。隔了一年，葉常棣被擊落後，解放軍在墜毀的飛機上找到十二號系統，便依據它的功能研究出「快戰戰法」——到最後關頭，先發射飛彈，再啓動雷達系統引導飛彈方向，縮短預警時間，使飛行員措手不及。

李南屏遭到伏擊時，機上的警告系統就是在飛彈已相當接近時才響起；因此在李南屏被擊

前排右二為李南屏，後排右二為葉常棣， 兩人曾為四中隊同僚（鄒寶書珍藏）

落後，美國又在U–2上加裝了經過改良的「十三號系統」（System 13），用來抗衡對方的快戰戰術。

十三號系統在收到飛彈的雷達訊號後，會自動送出一個假訊號，變更飛機當時的高度、速度、或方向，以混淆飛彈的雷達導引系統。十三號系統這套系統後來被廣泛用於越戰中。

半年後，解放軍又在張立義的座機上，發現十三號系統，於是再度改進反制設備。美國也不甘示弱，在一九六五年春天，推出全新的雷達警告系統和電子反制裝置。

改良後背脊隆起的機身被暱稱爲「獨木舟」（The Canoe），機上的碟形天線「Oscar Sierra」是一種極靈敏的飛彈警告裝置，只要接收到飛彈導引系統上微弱的訊號，機艙裡就會立刻紅燈大作，並在小屛幕上指出飛彈來襲方向。

這個小紅燈位於儀表右上方，燈上漆著碟型天線Oscar Sierra的簡稱「OS」，飛行員一見它閃動，就知道大事不妙，必須立即閃避。

薩姆彈來勢之快，打到十萬呎高空僅需四十六秒，OS燈一亮，表示飛彈已經上路，耳機中同時傳出啾啾如鳥鳴的尖銳警告聲。在這種時候，飛行員脫口而出的咒罵語，便成了惱人的OS燈號最傳神的代名詞：「Oh, Shit！」

雙方科學家你來我往，道高一尺、魔高一丈，在這場比拚中，卻是以飛行員的生命爲賭注。黑貓中隊不僅爲美國蒐集到珍貴的情報，也等於爲他們在兩軍交鋒的實戰情況下，率先測試了這些空中電子偵測系統的性能。

黑絲絨

李南屏出事的那年夏天，短短兩個月內，U－2的例行高空訓練中，就發生超過二十次熄火事件。

洛克希德公司的試飛員帶著實驗用引擎，在台灣上空實地飛行後，發現對流層頂端有不尋常的冷空氣團，這和平流層下層之間的溫差比美國大，而U－2引擎對溫度轉變十分敏感，因此不斷出現高空熄火情形。美方工程師前後三度更換引擎控油器，才解決這個問題。

從地面到空中三萬五千呎左右爲「對流層」，在這範圍內，從地面往上平均每升高一公里（相當於三二八〇・八四呎），溫度約降低攝氏六・五度。對流層再上去一直到大約十六萬呎之間是「平流層」，平流層的下層，大約從三萬五到六萬呎的空層內，溫度不會隨高度而改變。過了這段空層，溫度反而又隨高度增加而升高。

張立義被擊落的那年初春，中國瀋陽廠模仿蘇聯的米格二十一，製造出殲七型戰機。後來吳載熙在任務中，曾遭遇殲七發射飛彈攻擊；照理說，戰鬥機無法飛到這麼高，可能飛機經過改良，去除了雷達發射系統，由於重量減輕，因此可以最大速度向上攢升，待衝到足夠高度時，再發射紅外線追熱式飛彈攻擊。

這顯然是針對U–2所發展出的新戰術。爲了防範空對空的熱感應飛彈，洛克希德公司在U–2尾管上加裝了一片形似糖杓的紅外線折射板，名稱就叫「糖杓子（sugar scoop）」，可改變引擎排氣時所發散的熱源，以躲避飛彈。

而既然有可能近距離接觸，就必須加強機身的保護色。中情局曾試過一種稱爲「變色龍」的奶油色油漆，在遇到高空的低溫時，會自動變成褐色；也嘗試過在機身上塗畫白色的小圓點，以及像斑馬紋路的斜條線，不過最後都沒有被正式採用。

高空天色始終是一片黑藍，U-2要隱身在高空中，最好的保護色自然是深色，早期的銀白色外殼顯然太過耀眼。最初強森信心十足，認爲U-2的飛行高度既可睥睨一切，又何必上漆，徒然增加重量，但自從戰機發展出上述的攢升戰術後，不得不在六〇年代末期將U-2漆成藍黑色。

洛克希德公司在一九六五年底發展出一種新式油漆——「黑絲絨」（Black Velvet）。這款黑漆刷在機身上的效果就如同絲絨般平滑，其中含鐵的微細粒子，可以減低雷達回波。漆上「黑絲絨」後，當米格機急速上衝時，在深藍色的天空背景裡，便不容易發現黑貓的位置了。

後記

到一九六五年爲止，黑貓中隊成立的前四年當中，共有十三位飛行員完訓。其中兩位在任務中陣亡（陳懷：一九六二、李南屏：一九六四），兩位被擊落俘虜（葉常棣：

一九六三、張立義：一九六五），還有三位（郗耀華：一九六一、梁德培：一九六四、王政文：一九六五）在訓練中殉職，折損慘重，竟然只有半數的人得以全身而退。

一九六四年三月，梁德培在作例行的高空訓練時，指揮室收到Bird Watcher發出的警訊，顯示飛機超速，接著在修正過程中，又造成失速，隨即信號中斷。幾天後，一艘台灣漁船在接近大陸海岸處，打撈到他被魚群啃噬的遺體、和已張開的救生小艇（駕駛座墊本身是一個救生包，在水面拉開環扣後，可自動充氣成為救生艇），可能他在彈射出來時已陷入昏迷，而未能爬上救生艇。

隔年十月，王政文則在進行夜間訓練時失事。從Bird Watcher分析，飛機曾超速導致座艙失壓，最後墜落在宜蘭三貂角附近。由於當地有強大的海底漩渦，美國兵艦曾派出潛水伕搜尋，但僅能下潛到一百呎左右。後來有漁船拾到飛機碎片，但始終不曾打撈到飛行員的遺體。

第六章

「Tabasco」任務

「窗外有什麼並不重要，我的世界與生命，正壓縮在這些結構堅固的金屬牆裡。」

——林白

雷電交加的雨夜裡，從四萬呎高空俯瞰喜瑪拉雅山，還有比這更壯觀的景色嗎？

一九六七年五月七日，凌晨兩點。莊人亮從泰國塔克力美軍基地出發時，夜色還很晴朗。才飛到泰北，上空的低氣壓已然成型，頃刻間，便轟然下起大雷雨。所幸U－2已經爬升到四萬呎，只見腳下濃厚的雨雲裡，雷電大作。

惡劣的天氣隨他一路往北，越過緬甸、印度，直抵喜瑪拉雅山區，從下視鏡看出去，底下儘是嚴峻陡峭的巒峰。千里荒山，在這兒已沉寂數百萬年。

刷！一道閃光掠過，分明可見叢山之間的裂谷懸崖，深不見底，望之驚心動魄，恍如創世之初，又彷彿但丁所描述的幽冥國度。

飛行這麼多年，他不是沒和死神打過照面，卻未曾如此震攝於大自然的威力而心生恐懼。

二十四歲那年，有一回駕著戰鬥機剛離開跑道，忽然引擎爆炸，後方噴出長長的火焰。那一瞬間，他緊急拉開彈射裝置，摔出來落在跑道旁，沾了一身紅泥。其他工作人員遠遠望去，還以爲他全身是血。有位在地面待命的飛行員，在耳機中聽到飛機爆炸起火，又見他一身斑斑紅漬、拖著降落傘悠悠走來，嚇得以爲見到了鬼。

即使爆炸那一刻，他也是憤怒多於害怕。

多少人能有這種機會，在喜瑪拉雅山上空，直接看見隱藏在心底深處的恐懼。

又一道電光閃過！他瞥了一眼掛在機翼下的兩枚探測器，不知道前面還會遇到什麼危險。

一九六七年，嬉皮運動在美國舊金山達到高峰，近十萬名年輕人聚集在金門公園，昭示反傳統、反戰、追求和平的理念，花朵和搖滾樂裝點了這場「Summer of Love」盛會。就在西方標榜「新世紀（New Age）」的同時，舊皇朝滿清的最後象徵——末代皇帝愛新覺羅・溥儀，在年底於北京去世。

這年初夏，中國大陸已全面陷入歇斯底里的文化大革命，各項發展都被迫中斷。核能專家在高層特意保護下，才得以繼續進行研究。當時民間流傳著一句奚落科學家的話：「製核彈不如醃茶葉蛋」。即使如此，美方從人造衛星和情報人員所收集的資料判斷，中國即將在新疆羅布泊試爆氫彈。

美國人對這情報半信半疑，畢竟中國在不到三年前才試爆第一枚原子彈，在這麼短時間內，技術員的已進步到能夠生產氫彈嗎？爲了取得第一手資料，美方決定派遣U－2事先在試爆地點安置探測器。

羅布泊遠在內陸，不知沿途設有多少埋伏。不善吃辣的美國人，將這趟棘手的任務取名爲「Tabasco」，和這種以墨西哥品種的辣椒所製成的辣醬口感一樣，這也將是一件辛辣而使人冒汗的任務。

如此深入內陸之處，只能靠U－2進行任務；如果從桃園起飛，來回距離四千多公里，實在過於遙遠，遂決定由位於泰國中部的塔克力（Tahkli）美軍基地出發。塔克力基地在曼谷北方約一百哩處，四面環繞遼闊的水稻田，有美軍F-105戰機部隊駐防。

五月底，莊人亮搭乘美軍運輸機前往泰國待命。基地裡瀰漫著一股緊張氣氛，顯示美方極爲重視這趟任務，還特別派他前往加州接受三個星期的特殊訓練，主要是飛到雷諾市（Reno）附近的沙漠上空，練習投擲探測裝置。

訓練結束，回到泰國基地後，不時有美國科學家前來關心，主要是想查詢進度。儘管這時他已在黑貓中隊待了兩年，也出過六趟任務，這些科學家還是不斷唸叨叨地提醒他要如何執行飛行任務，他才發現，「Tabasco」不僅經過詹森總統特別批准，同時還有二十多位科學家參與。

待命的日子是最難熬的，主要是沉重的心理壓力。一方面美國不想太早投下偵測器，另一方面又必須配合天氣狀況，因此遲遲沒有行動。一等就是十一天，而每天都必須隨時準備出任務，也就一連吃了十一頓特別爲飛行員調配的牛排大餐。有時明明天氣晴朗，看來適合飛行，吃完牛排後，卻又叫他回房睡覺。

黑貓中隊動輒八小時以上的飛行任務中，「方便」問題正是最不方便的事。雖然壓力衣內裝有一個可以應急的橡皮管，接到座位下方的塑膠瓶裡，不過如果有固體排泄物，可是相當麻煩的事情。

但這種長途任務相當耗體力，不可能空腹飛行或僅靠機上攜帶的太空食物充饑。（太空食物是一種像牙膏般、從管子裡擠出的黏稠物質，有芝士、培根和蔬果等口味。飛行員從頭盔下方一個可自動關閉的小孔中插入吸管來吸食。喝水亦如法炮製。）

因此每次出任務前的這一餐，總是特別講究。它必須富含高熱量和高蛋白質，才能使人維持足夠體力，卻不致於過度刺激腸胃蠕動，造成太多殘渣。更重要的是避免豆類食物，以免在體內產生氣體，一旦到高空膨脹起來，容易造成腹痛。

早期飛行員出任務前，都是吃一碗牛肉麵，後來一名退休的美國空軍軍醫主管到台灣考察時，覺得不妥，在他的建議下，才改爲一片四盎司的牛排，配上吐司和蛋。用餐時，航空醫官也在一旁吃相同的食物，以防事後感覺不適，還可以隨時研究對策。飛行前二十四小時以內，更是絕對禁止飲酒。

焦慮等待中，他在過期的「時代」雜誌上，正好看到蔣宋美齡女士發表的一篇文章，裡面公開要求美國摧毀位於中國新疆的核爆基地。

他心頭一緊，不由得懷疑起自己的任務：「他們要我抛擲的，該不會是原子彈吧？」又回過頭仔細研究文章內容，反覆推敲字句。

胡思亂想中，回憶起兩年半前剛到美國亞利桑那州接受U－2訓練時，有一晚在百貨公司閒逛，忽然迎面走來一名中年男子，對他笑著說：「Hello！Congratulations！（恭喜！）」

莊人亮上下打量這名頗有紳士派頭的老外，卻想不起曾見過面，便疑惑的問道：「What for？（喜從何來？）」那人回答：「Welcome to join the A-Bomb club.（歡迎加入原子彈俱樂部。）」原來他誤以爲莊人亮來自中國大陸。

那時是一九六四年，中國大陸剛成功試爆第一枚原子彈沒多久。當時一般美國人對老中的印象，不是在昏暗的餐館裡端盤子，就是在洗衣店櫃台後面熨衣服，到這時才驚訝的發現，原來中國也有知識份子，竟然也有能力製造原子彈。

沒過多久，莊人亮又遇到一位參與登月計畫的美國大學教授，也一再嘖嘖稱奇：短短數年內，中國科技竟然進步如此神速……

他一面心不在焉的翻著雜誌，一面回想起那些老外的欽佩眼光，心裡打定主意，如果要他朝中國丟原子彈，那是絕對不幹的。

不過再仔細想想，又覺得自己太多心。在加州特訓時曾親眼見過那枚「探測器」，外表確實不像炸彈，倒像個小型火箭，差不多三公尺長，直徑大約一掌寬。尾端三分之一的部分，以透明壓克力罩住，據說內有收發裝置，可以同時收發二十個頻道的無線電訊號。探測器光滑的外表上，寫著六個簡體大字：「科學院，請勿動」，這招頗富創意，就是希望在投擲下去之後，不會被偶然路過的遊牧民族發現而移走。至於遊牧民族認不認識簡體中文字，那就說不準了。

此刻兩翼之下各載一枚探測器，飛越世界屋脊，底下的暴風雨不知何時已經平息。根據航行計畫，現在應該是在巴顏喀喇山上空，正是黃河發源地。在夜空中雖然什麼也看不見，但遙想黃河之水天上來，從此奔瀉千里，心中神往不已。抬眼看時，東方正透出晨曦。

六點五十分，天色已大亮，一整晚僅能靠六分儀測量星座來判斷方向，此刻對照地形來看，發現自己稍偏航線右側，「死亡之海」羅布泊出現在左下方。

羅布泊曾是中國第二大內陸湖，現在已成一片乾涸沙漠，其面積之遼闊，廣達三千平方公里；深度近八百公尺，超越當今所有摩天大樓的高度。飛到上方，從下視鏡望出去，巨大的乾湖就像漩渦般，呼嘯著捲向中心，久望令人目眩神迷。

核子試爆場位於附近一處低窪盆地，底端似乎有座小鐵塔，可能就是試爆點。也不及細看，飛到盆地邊緣，將儀表板上的保險蓋打開，再按下開關，先擲下一枚探測器，再飛到對岸，投擲另一枚。

探測器上的小型降落傘，到一定高度時會自動張開，並在離地一千呎左右脫落；這時探測器靠著重力加速度，如同一支射出的標槍般，直接插進沙地。依照設計，前面三分之二會埋進沙塵裡，只露出後面大約一公尺長的壓克力罩部分接收訊號，並且發送出去。它還會自動升出一根天線，接收太陽能來充電。

只要方圓一百哩內發生震動，感應器便會立即傳送訊號回美軍的接收站，從傳回的訊號可以測知爆炸震動強度等數據，便可以分析出這倒底是氫彈，或只是一般原子彈。

當時台灣在林口台地一帶，就有一個美軍設立的衛星天線。這個大型接收器，有一百呎長、五十呎寬，高矗在山頭。

試爆之後，U–2又再度被派往試爆地點，利用裝在機身後方一種特別的收集器，來採收空氣樣本。從濾紙上收集到的微粒，可以分析當地上空的核子塵。

這兩枚埋在沙漠裡的探測器，只要感應到震動就會發出訊號，異常的電波終於引起中方注意，因此幾個月後就被電子偵測器找到而移走。

後來在美國的登月計畫中，阿姆斯壯也曾將類似的探測儀安置在月球上。

但那些都是後來的事了。莊人亮投下兩枚探測器後，飛機立刻輕盈不少。在前往羅布泊的途中，飛機因爲加滿油無法爬升太高，進入中國大陸時，高度只有五萬多呎，爬高時可能留下凝結尾，若在白天出發，將無疑自曝蹤跡。

飛機噴射引擎排放出來的熱氣，高達攝氏一千多度，一碰到外界冷空氣便立刻凝結，形成一條白色的凝結尾（Contrail）。以一般大氣狀況而言，凝結尾通常形成於三萬到五萬呎之間；超過六萬呎，進入內太空後，卻因爲空氣稀薄、缺少水份，反而不會形成凝結尾。

雖然已經成功投下探測器，莊人亮並沒有因此感到比較輕鬆。一路上，他總想像自己正是雷達螢幕中的一個光點，敵人正在等待適當時機發動攻擊。

這是一種無法言喻的心理壓力。過去六次U－2任務中，他就曾兩度碰上飛彈，一次在廣州，另一次在昆明，被至少三枚飛彈襲擊。在閃躲時，機腹下的相機拍到其中兩枚，捲著長長的濃煙、擦身而去。

當飛彈襲擊時，機上的警告系統閃光大作，耳機裡的警訊也嗶嗶作響，心裡最清晰的念頭就是趕緊逃命。等安全返回基地後，也不願再去回憶那種驚險場面。但這種和死亡擦身而過的印象實在太過鮮明，似乎深印在心底，他在昆明躲過伏擊後，有一個多月時間常在夜半驚醒，醒來總是冷汗淋漓。

他戰戰兢兢的飛度重山，順利回到泰國。沒想到這趟任務出乎意外的平靜，沿途毫無設防，或許中方壓根兒不認爲敵機會飛越崇山峻嶺，來到這麼遠的地方。

而這不是他現在所關心的問題。飛了三千七百哩，前後共九小時，落地後，他只想趕快脫掉厚厚的大手套，好好揉一揉已經抽筋的手指。

連夜趕回台灣，到家已是半夜，眷村在涼風中沉睡，路旁稻田裡，傳出陣陣蛙鳴。他深深吸了口南方的溫暖空氣，很想找人談一談壯闊的喜瑪拉雅山或神祕的黃河源頭，甚或幾小時前那不尋常的任務……但他什麼也不能做。起身打開房門，看著躺在小床上剛滿週歲、安詳入夢的女兒，心想，不知道她長大後是什麼樣子？自己能不能看到那一天？住在隔壁的余清長，還有後巷的吳載熙都相繼出事，誰知道下一個會是誰？

山頂村

山頂村位於桃園市郊龜山鄉，距離機場大約八公里。接近中午時，老楊便騎了三輪車前來，收集眷村媽媽們準備的便當，再送去學校給各家小孩。平房旁邊是一片綠油油的農田，颱風天淹水時，偶而會有一、兩條魯莽的水蛇混進家中。

初次造訪的人，可能會覺得村中生活悠閒而寧靜。仔細打量，卻會發現這個村子的門牌號碼似乎有些混亂，在五十三號之後，又有五十三之一、五十三之二、五十三之三……，然而明明每一戶都是獨棟平房，和五十三號一點關係也沒有。

這是屬於黑貓中隊的眷村。五十三號是莊人亮的舊宅，他是黑貓中隊第十七位飛行員，在他之前，已經有十一個人陣亡（包括大家以爲死去的葉常棣和張立義），而他兩度遭受飛彈攻擊，都安然逃脫，因此後來附近加蓋的房子，都想沾點他的好運道，而延用了這個幸運數字。

內心的壓力是不言可喻的。

爲了嚴守機密，飛行員在日常生活中，絕口不提那些緊張的任務。不論是遭遇飛彈襲擊、米格機追蹤，或者機械故障，都不可能和家人傾訴。

至於家人，尤其是做妻子的，雖然嘴上不說，但都感受得到這工作帶來的氛圍。午後眷村時而傳出的麻將聲，或許便是這些飛行員太太們的一種排遣方式，藉著在眼前築起的方城，抵擋那些盤旋在心底深處、難以捉摸的憂慮。

而孩子們一般是感受不到的，至少，大部分時間感受不到。在這自成一格的小眷村裡面，只知道每一家的父親都是飛行員；大人絕口不提工作內容，小孩子誰會想到去問？機場附近空地，是他們帶著空氣槍狩獵的冒險樂園；生活中有可口可樂、電視、聖誕party等等在那個年代算是很稀奇的玩意兒，但同班其他小朋友也有他們獨特的竹蜻蜓、抓知了種種新鮮事，也就不覺得自己的生活和別人有什麼不同。

沈立威（我老哥）隨爸媽搬到山頂村時剛上小學，我問他對那兒的印象，最深刻的當然是和其他小朋友打鬧玩耍（大人們則記得他常因爲太頑皮而把女生弄哭），還吃過牙膏狀的太空食物（桃子口味不錯，肉醬超難吃）。

但那裡終究不只是孩子們遊戲的樂園！

某天，村裡一位伯伯失事，爸爸說他不見了，聽說只打撈到衣服。

他記得有好幾年時間，爸爸每年都帶著他去空軍公墓憑弔，只看到墓碑上都是二、三十來歲的年輕人，他雖然還是小孩，也覺得悽慘。

當時玩伴之一的劉東明，父親是曾擔任隊長的劉宅崇。在打獵、棒球和游泳的童年回憶中，有一幕清晰的畫面：一日放學回家，看到一位阿姨坐在客廳悲傷的哭泣，正在安慰她的媽媽打發他帶妹妹出去玩；一邊玩耍，一邊看著家裡人進人出，都紅著眼睛。長大後才知道，原來那是鄰居黃七賢的新婚妻子，他在那天失事。

劉宅崇離開黑貓中隊後進了遠航，幾年後因病過世。而劉東明大學畢業後也選擇飛行這條路，加入華航，還曾特別申請一班飛到越南蜆港的班次，因爲這個地名，曾出現在父親記載U-2任務的手札中。

黑貓中隊的眷村太太們，誰能讀出她們心中的牽掛？（楊世駒提供）

當然也有還正在學走路、就再也見不到父親的眷村孩子。父親是一枚勳章，母親的眼裡則永遠留下曾經心碎的痕跡。

什麼時候，能不再有這樣的故事？

莊人亮往羅布泊出任務的前一年，一九六六年中，毛澤東發動文化大革命，整肅、批鬥、下放、勞動改造，整整十年間，全國瀰漫著充滿破壞力的混亂氣氛。

同時期，越戰也更爲激烈。南北越隔著北緯十七度線彼此炮轟，游擊隊在溼熱的叢林裡貼身搏鬥，平民村莊被夷爲廢墟。儘管美國國內反戰聲浪不斷，美軍F-4和F-105戰機依然從南越起飛，迎戰自北面出發的米格機。

根據U-2蒐集到的情報，美軍才發現北越至少部署了一百七十處SAM-2飛彈基地；同時發現，善於叢林作戰的北越軍隊，將樹木砍伐下來，掩蓋在戰車上做僞裝，一般戰機從空中根本無法分辨，但是在U-2紅外線相機下卻無所遁形，因爲樹木下方的戰車所形成的熱源，和一般正常樹林不同，在紅外線底片上很容易分析出來。

而美軍戰機能夠運用電子偵測系統，成功反制北越的飛彈攻擊，也多少要歸功於黑貓中隊之前在中國大陸冒死所換得的實戰經驗。

在U－2的電子偵測系統上安裝有自動銷毀裝置，如果在敵區出任務，因爲發生問題而不得不棄機時，飛行員必須將最機密的「邏輯電路板」（logic circuits）銷毀，如此，敵方便無法掌握飛機上各種電子設備的情報。

依照訓練課程所教的正常程序，飛行員在棄機前必須啓動自毀裝置，之後有七十秒時間逃生。但是，它的破壞力究竟有多大？會不會將整個飛機一起炸毀？卻是大家心頭的疑惑。

一九六六年也是三十五中隊另一個充滿哀傷的年頭，先是在初春裡，吳載熙作高空訓練時，發現儀表顯示發動機尾管溫度過熱，由於擔心發動機起火燃燒，於是關車，因爲還有足夠高度可以飄降，便決定就近迫降到台中清泉崗機場，隊上機務人員立即搭乘小飛機趕赴接應，清泉崗也下令其他飛機離開跑道。

由於發動機關閉，無法供應暖氣，座艙罩在冷冽的高空中結了一層薄霜，吳載熙試著用手套擦拭，但擋風玻璃上還是一片模糊，偏偏外海的低雲在此時移近跑道上空，更使他難以判斷機場的準確位置。不得已，他只好轉向，改爲降落在附近的水湳機場。

三十五中隊作戰長包炳光駕駛T-33、載著隊上的美國飛行教官趕往清泉崗，但塔台人員回報未見飛機蹤影，於是轉往水湳；到了那兒，只見許多人匆忙往機場南端跑去，原來吳載熙的座機已墜毀。

他在企圖著陸時高度偏高，而水湳是個小機場，跑道只有三千呎長，由於跑道太短無緩衝之地，撞進附近民宅，有位鄰居小孩不幸波及被壓死。

事發次日，當時已升任國防部部長的蔣經國在空軍總部參謀長楊紹廉陪同下，專程前往吳家致意。當年吳載熙婚禮中，蔣經國曾是座上客，此刻他妻子正懷孕數月，悲傷可想而知。

吳家位於新竹縣新埔鎮大茅埔，三合院老宅旁水稻青青，祠堂內有大量線裝古書，台灣知名作家吳濁流是他們同宗鄉親。

吳載熙出過多次任務，也曾遭遇飛彈襲擊；在某次任務中經過浙江溪口鎮，拍回來的相片

過年時，經國先生與徐煥昇總司令到山頂村拜年，與吳載熙夫婦合影（吳載堯珍藏）

蔣經國於吳載熙殉職數月後再度前往吳家，頒贈「忠義傳家」的扁額。相片前排，吳載熙的妻子杜喜美抱著才出生的兒子吳興華（吳載堯珍藏）

上，還能清楚看到老蔣總統母親的墓地。而他自己的名字，則被永遠刻在老家的石橋上，新竹「載熙國小」也是以他命名。

吳載熙和晚他一期完訓的余清長，是三十五中隊最早的兩位本省籍隊員。余清長個性本份老實，是典型的好好先生；吳載熙失事四個月後，他同樣在做高空訓練時發生問題，這次是遇到發動機熄火。由於高空空氣太稀薄，無法重新點燃引擎，必須下降到三萬五千呎左右才能重新啓動，於是他逐漸降低高度，卻始終無法再度發動。他當時位於琉球南方，只好試圖朝琉球的嘉手納（Kadena）美軍基地前進。

但是以他的高度，甚至無法飄到嘉手納。最後藉著浮力飄到琉球南端時，離海面只剩一千呎，雖然眼見底下有許多鯊魚，仍不得不棄機跳傘，只是高度實在太低，降落傘還來不及張開就已落海，救援趕到時已經太遲。

事後經過檢查，他的飛機油管破裂，燃油完全漏盡，當然無法重新點火。

（這種情形，雖然在美國也發生過許多次，但是因爲飛機輕，可以飄浮，在廣闊的內陸迫降，大多有生還機會。那些曾在高空遇到飛機熄火，最後安然降落的美國U－2飛行員，戲稱自己是「Silent Birdman」。）

三十五中隊接連失去兩名黑貓隊員，只剩莊人亮和劉宅崇兩人執勤。高層立刻下令，如果兩人同時外出，不准搭同一輛車，否則萬一發生意外，便無人可替補出任務了。

有時，當莊人亮走在桃園街頭，看著那些坐在三輪車上抽菸的中年男子、舖子裡堆滿笑容招呼客人的店老闆，或是乘著牛車緩緩而行的農人……也不免暗忖，他們過著多麼不一樣的生活啊！這種單純的日子是令人羨慕的，每天踩在踏實的大地上，輕鬆安然。

但是每當看到貨架上陳列的Tabasco辣醬，紅色醬汁泛著油光，他便會從一股泛自喉嚨的酸辣口感中，聯想起一次奇特的飛行旅程，因而感到自己所擁有的，終究是一種獨特而不平凡的生活。如此驚險刺激，又回味無窮！

附記

莊人亮自羅布泊歸來後三個月，張燮於夏末又成功進行了另一次「Tabasco」任務。

第七章

從一萬呎飄然而下

「任何人只要拿一塊二十一呎立方、綳緊的帆布篷，不管從多高躍下都不會受傷。」

——達文西

就「翩如驚鴻，蛟若遊龍」來說，U－2實在有愧它「蛟龍夫人」的名號。它絕不像戰鬥機那樣迴轉自如，再加上先天體質脆弱，動輒有解體之憂——機身空重只有一萬兩千磅，而可拆卸的雙翼和尾翼，僅各用幾枚大螺栓固定在機身上。整架飛機，內無強力結構支撐，外殼也僅覆有一層薄如葉片、不到半毫米厚的鋁片。

在這樣寒傖的結構上，最講究的，反倒是機身內部的線路。電線的材質並非普通的銅絲，而是以高純度K金打造，因爲K金絲極纖細而傳導力強，可以減輕不少重量。

一般七四七民航機，可以承受的重力限制爲四G，戰鬥機更結實，一般可承受八到九個G。而U－2的限度只有一．八G。

因此，飛行員在空中，必須小心保持額定的空速，一旦機頭略爲下傾，飛機就會急遽加速，若處置不當，不到一分鐘之內就會形成超速而使機身解體。

U－2飛行員都很清楚，對待蛟龍夫人，得拿出繡花般的細心和耐力。雖然不太情願，也只得暫時告別過去飛戰鬥機時，和僚機比賽低空飛行、玩格鬥遊戲，在空中耍帥的日子。

G是重力加速度的單位，在地面正常靜止狀態下，物體所承受自己本身的重量，就是一G。二G等於再增加一倍的重量。

進過兒童遊樂場的「驚奇屋」嗎?在圓形的驚奇屋裡，大家靠在牆上，然後屋子開始旋轉；愈轉愈快時，每個人承受的重力就越大，最後被離心力擠壓，緊貼在牆上，這就是G值加大的情形。

在飛行中，如果在高速時猛然拉起機頭或作急遽轉彎，都可能造成G值過高。如果飛行員身上的重力突然加大，將造成頭部血液減少，導致缺氧，而感到眼前霎時發黑，看不見任何東西，形成所謂的黑視現象（blackout）。戰鬥機飛行員最容易發生這種情形，因此必須穿著「抗G衣」。

飛U－2的麻煩在於，如果飛太快，可能造成超速而導致機身解體；但是飛得太慢，又可能形成失速。尤其在六萬呎高空，超速與失速之間，只有不到十浬的微細差距，對飛行員來說，的確是「增一分則太快，減一分則太慢」。

這十浬差距，有個頗爲驚悚、卻也恰如其分的名字——「棺材角」（Coffin Corner），意味著超出此限度，就將有麻煩上身。

一般來說，U-2在七萬呎高空的速度大約是〇・七二馬赫（大約時速一一〇浬），這裡指的是所謂的「指示空速」（Indicated Air Speed），實際上大致相當於無風狀態下的地速四三〇浬。

這是因爲，機上的空速錶是利用空氣流量的衝壓來顯示速度，飛得越高、空氣越稀薄，進入的氣流也就比較少，因此從錶上刻度看起來或許速度不大，但實際上「對地速度」（Ground Speed）不止如此。

因此，U-2在七萬呎高空上顯示的一一〇浬，看起來不算快，但其實已和七四七客機速度相近。

說起來，U-2是因應時局所需，設計來即時運用的飛機，美國高層當初並沒有打算長期使用。而且原型機問世後，並沒有經過太嚴格的試飛就被派上前線。一開始，飛機還會常漏滑油，弄得座艙裡一股嗆鼻氣味。

U－2從未被大量製造，因此也沒有生產線，基本上是由手工打造。整架飛機裡最先進的裝備是照相裝置及電子偵測系統，其他細節並不考究，也難怪這位「蛟龍夫人」脾氣難以捉摸，動不動就出小毛病。

從空軍退伍都三十多年了，范鴻棣一開口，還是常以「我們阿兵哥……」自嘲。他曾在華航擔任機師，退休後在民航局做義工，在辦公室裡有張固定辦公桌，但不支薪，是少數這把年紀還跟上時代勤於上網的。（電郵地址開頭前三個字母正是「LKK」！）

看他每天悠哉悠哉的過活，一則和個性有關，一則也是從有記憶以來就隨家人逃難搬遷，而養成隨遇而安的習慣吧。據他自己以及同僚所作的描述，他不知道什麼叫害怕，既不容易緊張也不容易感到興奮，拿到生活裡來說就是，坐雲霄飛車不覺得刺激，和人分手也不會有失落感；到哪兒都能適應，離開也不會特別想念。總是順著自己的性子直來直往，在美國受訓時，當時的空軍副總司令去訪問，找他吃飯，因爲不喜歡應酬長官，說不去就不去。「我從不爭什麼，因爲無求，也就不會失去什麼。」

黑貓隊友邱松州對他這種性格的評論是：「我向威權挑戰，而他是直接向威權開槍。」

范鴻棣是在一九六六年初到美國亞利桑那州圖森（Tucson）空軍基地接受訓練的，第一次坐上U-2，就見識到蛟龍夫人的小毛病會帶來多大問題。

爬進窄小的駕駛座，繫上安全帶，由另一名黑貓飛行員協助關上座艙罩，向他豎起姆指，一切OK！待一切就緒，便向地面機務人員伸出食指在空中畫圈，表示準備妥當，於是地勤人員打開氣源，發動機的壓縮渦輪隨即傳出低沉的嗡嗡聲，一面吸進大量空氣。

到了規定的轉速，將左手的油門柄往前推，引擎內部的燃燒筒開始點火，急衝而來的壓縮氣體和油氣迅速混合，引燃發動機。到達慢車轉速後，即豎起兩手姆指朝外，向機務人員比著取掉輪檔的手勢，開始滑行。

跑道肩上，停著一輛四輪傳動的小卡車，待飛機開始滾行，便緊追在後。他的工作，是等著在飛機起飛後、拾回原本安插在龐大機翼下的兩枝「Pogo」。

試想一下，機身下的兩個機輪如腳踏車般前後排列，再加上超過籃球場長度的雙翼，停在地面時，要如何保持平衡？這正是U－2的情形。

設計師的解決辦法是，在它雙翼底下安裝Pogo（支撐架），使機翼不至於拖在地上。Pogo是一根大約一公尺長的鋼板支架，平時安插在翼尖下，在起飛前，機務人員將Pogo的安全銷拔掉，它便會在飛機升空時自動脫落，再由機務人員拾回。

不過也曾發生Pogo卡得太緊，而被一路帶上空中的情形。這兩根支架都各有好幾十磅重，為了避免中途掉下來砸到人，飛行員只好飛到海上左右搖晃翅膀，才將它們擺脫。

在飛機落地後，飛行員先用副翼操縱，使兩邊機翼保持平衡；等到快停下來時，由地勤人員扶著機翼，將Pogo插回翼尖，再靠著Pogo底下的小輪子支撐滑動，由拖車將飛機拖回棚廠。

如果遇到天氣忽然轉變或機械發生故障，使飛行員不得不改降在其他機場時，黑貓中隊的機務人員及擔任指揮車任務的飛行員，必須立刻組成應變小組，帶著拖桿和Pogo，搭乘專機中隊的C-47趕去接機。

U－2加速極快，升力又好，僅需滑行數百英呎就可以離地，爲了避免離地後速度過大導致超速，因此起飛時必須以三、四十度的大仰角上升。

待飛機平穩後，范鴻棣放下襟翼，準備練習「失速」項目。通常飛機速度減低到某個程度，當機翼負荷過大、升力減小，便呈現「失速」的不穩定狀態。每個機種、甚至每架飛機的失速速度都略有不同，因此所有飛行員都必須靠練習來體會即將失速前的感覺，以便實際發生狀況時能及時應對調整。

做完失速練習後，他推動操縱柄準備收回襟翼，沒想到一推，飛機卻開始旋轉，像是繞著一座看不見的迴旋梯往下墜，完全無法控制。

他抓緊駕駛盤試圖修正，但毫無作用。眼看高度只剩一萬呎了，一般來說，當飛機墜落時，如果低於一萬呎才跳傘，成功逃生的機率比較低。

他以無線電對講機通知基地準備跳傘，便啓動彈射裝置的兩道開關。座椅下方有條鋼索，原本扣在他皮靴後跟的馬刺上，此刻猛然一收，雙腿便自然被拉回貼緊座椅，避免在急速彈出機艙時被打傷甚至打斷。隨即艙罩掀開、座椅跟著彈出。

等他回過神來，人已經在空中，傘正張開。因爲是低空訓練，不需要穿壓力衣，行動也就自如多了。

往下看，乾涸的黃土沙漠上，點綴著零星幾棟房屋。遠處一條小路旁，杵著幾株無精打采的仙人掌，那姿態，彷如一個百無聊賴的夥計坐在櫃台後面，看顧著冷清的鋪子。放眼望去，蜿蜒的路上，有一輛汽車捲著沙塵急馳。

他好奇的四處打量，在空軍這麼多年，這還是頭一遭跳傘。過去官校當然教過跳傘的理論和方法，但是爲了避免發生意外，並不曾讓他們實際演練。

想起早期的冒險家，在手臂上安裝類似鳥翅的道具，使勁拍打著，同時從山坡上往下跳，其中經過多少大膽、瘋狂，甚或致命的嘗試，才使他如今能夠安穩的飄在空中，悠閒地欣賞風景。

回想方才困在不停打轉的機身當中，倒也不緊張，並不覺得死神即將光臨。飛行以來，只有那麼一次，眞的感到似乎有某種未知而強大的力量，凌駕於人類意志之上。

那是五〇年代，老蔣總統親赴高雄岡山空軍官校校閱。在預習時，他駕著F-86戰機俯衝，當企圖拉起機頭向上飛時，明明已將操縱桿向後扳到底，飛機卻如著魔一般，執意往下衝。眼看距離地面愈來愈近，愈來愈近，近到直往頭頂扣過來……一生當中唯一一次，他在心底閃過這個念頭：「完了！」

也不知怎麼的，地面似乎開始慢慢往回退，他才注意到自己仍緊緊拉著操縱桿，飛機終於擺脫束縛，奮力朝上一衝，從一間小樓房頂上擦過去。

落地之後，儀表顯示方才大角度俯衝後往上拉起時，竟拉了高達七個G，差點超過F-86的G值限度7.33，難怪險些無法將飛機拉起。但是檢查一下，似乎沒有影響飛機結構，爲避免再出狀況影響僚機，他單機遠遠跟在機隊後方飛回基地。

此刻，微風輕輕吹拂，感覺起來，整個人像是掛在空中不動，和剛才相比，似乎並沒有下降多少。襯著大塊大塊紮實的雲堆，空間猶如凝結一般，彷彿達利筆下的超現實油畫。

他不禁有點不耐煩起來，便從口袋掏出香菸和打火機，但試了幾次，就是點不著火。「是風太大了嗎？奇怪，吹在臉上倒不覺得。」他心想，這樣得多久才能回到地面啊？

就這樣緩緩下降間，剛才還在遠處的那輛車，已經愈來愈近，現在已清晰可辨。到離地一千呎左右，慢動作影片忽然加快，地面迅速上升，高聳的仙人掌急速靠近，前方電線桿也迎面衝來，他趕緊拉扯降落傘繩索設法改變方向，才一轉彎，前方卻是一大叢灌木林，這回來不及閃躲，只得縮起身子從灌木叢中穿過去，落在地上。

站定後，剛脫去降落傘，就聽見有人大聲叫喚。走到土坡頂上，看到下面灌木叢附近有人揮著手向這邊跑來，揚起一片塵土。原來此人是當地報社的記者，遠遠看到有人跳傘，便不顧一切的開車追來。

范鴻棣當時並不知情，兀自瞇著眼打量那人，忽然聽到螺旋槳拍打空氣的聲音，身邊霎時捲起一股風沙，原來圖森基地接到他的通話後，立即派出直昇機接應，而降落傘上有發報裝置，會自動發出訊號，使搜索隊尋蹤而來；而且訓練時所使用的降落傘顏色紅白相間，攤在沙漠上非常醒目，因此搜索員一下子就找到了他，但對那記者而言，可眞是半路殺出的程咬金。

第二天，小鎮報紙的頭條新聞中，加油添醋的報導了這件事，將這名從天而降的飛行員形容爲「高大的東方人」，使身高一七〇的范鴻棣爲之莞爾，大概是記者從下方仰望山頂的緣故吧。

至於那架失控墜毀的U－2，在運回基地後，機械人員發現問題出在襟翼制動器在高空失靈。將來在深入敵區時，會不會發生同樣的問題，誰也不敢擔保。

當初同意投入這項危險的工作，就已經知道誰都無法擔保安全問題。就像一九六七年八月底那趟任務，范鴻棣先飛往東北，再南下沿途偵察照相，一路無事，只有上海南方到杭州這一段，因為有雲層遮掩無法照相，便從福建返航。

從旁經過家鄉南京時，也忍不住多看了兩眼。從下視鏡望下去，無論多麼奇特的山色，也只像是襯衫上的縐摺，在陽光下形成一條條陰影，蜿蜒千里的長江，則是衣襟上一道曲折的縫線；而那彎新月，正是浩浩蕩蕩的洞庭湖。

過了一星期，輪到黃榮北出任務，也從東北走完全相同的路線，再轉向浙、閩，卻於嘉興附近不幸被擊落。這正是范鴻棣在前一趟任務中，因為天氣不佳、無法拍照而避開的同樣那段路。

這是黃榮北在美國結訓返台後的第一趟任務。當時正守在桃園指揮室的莊人亮，忽然從監控系統Bird Watcher上，發現U－2的OS燈亮起。眾人不發一語，都知道當這個燈閃起，就表示有麻煩。一同在指揮室坐鎮的美方人員打破沉默：「我們一分鐘之後和他聯絡。」大家不約而同抬起頭盯著牆上的時鐘。

沒想到短短六十秒竟然可以如此漫長，想起黃榮北還是由他推薦而加入U－2，莊人亮更是難以忍受這種等待。

一分鐘過去，指揮中心透過無線電呼叫：「Tom（黃榮北的英文名字）！Black Cat呼叫，聽到請回答。Tom！聽到請回答。」對講機裡一片死寂。

九月八日遂成了黃家永難忘懷的日子，兩個分別爲三歲和五歲大的女兒，一直到上初中，母親才告訴她們眞相。在黃榮北捐軀四十週年的紀念文章中，他的堂弟黃榮南寫道：「兩個女孩在滿腹疑惑又不敢追問的煎熬下，童年歲月的苦澀與無助，是多麼的令人心酸。」

而余清長兩位當年分別爲五歲和七歲大的女兒、李南屛的兒子、還有吳載熙及黃七賢他們甚至來不及見面的孩子……又是抱著什麼樣的心情度過童年呢？

美方原本以為中國大陸僅有六十二枚蘇聯製的薩姆飛彈，用完便無法補充，沒想到這次將黃榮北擊落的，竟是大陸根據SAM-2改良而成的「紅旗二號（Red Flag）」飛彈。這些新增的飛彈，嚴重威脅U-2任務，使美方開始考慮中止進入中國內陸的任務。

再加上越戰比想像中棘手，美國已身陷泥淖。自一九六五年直接介入戰事以來，地面作戰急速擴大，美軍參戰人數從一九六一年底的八百人，激增到十八萬人。一九六八年春天，美方終於決定調整策略，減少對北越的轟炸，為和平談判舖路。

「快刀計畫」已不再是美方最關注的焦點。

雖然台北方面並沒有收到任何白紙黑字的明文規定，但慢慢的，U-2任務不再深入中國內陸領空。事實上，這是當時美國和北京方面，在華沙會談中達成的協議。

一九六八年三月十六日，范鴻棣從中國南方完成任務歸來，為黑貓中隊深入中國內陸的冒險史寫下句點。

這是U-2任務的分水嶺，後期任務一概維持在海岸線十五浬外巡弋，利用美國新發明的長距離斜照相機，繼續對大陸偵照；另外附有電子偵察系統，可以同時記錄二十八個頻道的音訊。

范鴻棣在黑貓中隊待到一九七三年，前後長達七年時間。雖然原本有條不成文規定——飛行員出滿十次任務就可以離隊。但是自從不再深入中國內陸之後便打破了這層默契，有好幾人出過十多趟任務，王濤、沈宗李、邱松州等人甚至多達近二十次，錢杜則有二十一次之多。

身為黑貓隊員，確實承受著比一般人更大的壓力，「蛟龍夫人」的脾氣已經夠難伺候，更別提長途任務所帶來的身心考驗。飛行員在密不透風的壓力衣裡都是汗如雨下，每趟飛行下來體重一般都會減少三到六磅，因此按照規定，每個人一星期內不能出兩次長途任務。通常飛行員在出任務前二十四小時，就必須到隊上待命，這段等候時間，也會產生持續性的焦慮。

曾有人壓力過大無法紓解，雖然平日看不出來，夜裡卻在夢中大喊大叫，連隔牆鄰居都被驚醒，最後只得被解除職務。一名美軍軍醫署長到台灣訪問時，就曾提到「作戰疲勞症候群」（Combat Fatigue Syndrome）的問題，特別強調不要忽略飛行員的娛樂和充分休息的重要性。或許當年台灣軍隊還不流行美國所謂的「休閒活動」，結果常常是讓飛行員「研究手冊和躲避戰術」，讓他們保持「有事可做」（註1）。

美方專家非常清楚，長期的壓力將無可避免導致身心疲勞，因此早期U－2部隊都和飛行員有個默契——出完十趟任務後，便可按照個人意願轉調其他單位。

依照黑貓中隊規定，出任務前一天，飛行員會接到通知留在隊上待命，當晚即住在部隊宿舍。他只知道要出任務，卻不清楚目的地。

除了特殊的夜航任務外，多數任務在凌晨出發，這樣抵達目的地時正好接近中午，地面比較沒有陰影，才能夠拍到清晰的相片。這種任務時間，對飛行員來說當然非常辛苦，因爲在出發前，他至少需要三個小時作事前準備，也就是說，如果任務在凌晨六點出發，必須半夜三點起床。雖然前一天傍晚早早便被催促就寢，卻並非每一個人都能安然成眠，若實在無法入睡，只好向航醫拿安眠藥了。

（像這樣在部隊待命，由於壓力過大，依照規定，最長不能超過兩天；如果任務因故取消，兩天後必須換另一名飛行員待命。）

方輾轉反側，好不容易入睡，卻又該起床了。這時正是凌晨，也不管餓不餓，先到餐廳吃頓牛排大餐。

吃完這頓過早的早餐，就來到位於棚廠的部隊作戰室（Operation Room）聽取任務提示，氣象官、機務人員、情報官、領航官……一個個輪番上陣作簡報，飛行員此時才得知要前往的地區。

簡報內容包括飛行時間、路徑、天氣狀況，以及到何處打開相機開關，但最重要的資訊還是該地過去曾發生的攻擊行動，或是根據最新情報，可能會遭逢飛彈或敵機攔截的區域等等。至於偵察目的，反而沒有太多著墨。

好不容易簡報完畢，飛行員抱著一堆資料，先到個人裝備室洗個澡，換上特殊的綿質內衣褲。這種內衣接縫少，比較不會摩擦皮膚，造成不適。接著再套上壓力衣和皮靴。

壓力衣非常難穿，因此負責裝備的人員會在一旁幫忙。首先，將壓力衣攤開，把腳伸進去，往上拉，穿進手臂，拉鍊在背後嘶一聲拉上；然後穿鞋，戴手套，再放上頭盔，卡擦一鎖，整個人就被密封起來。

著裝完畢到起飛前，飛行員得留在裝備室呼吸純氧至少一個半小時，主要目的是排除體內的微量氮氣，否則飛到高空後，壓力降低，氮氣會在體內膨脹，造成關節疼痛，類似潛水人員浮上水面時的情況。這段期間，他得耐心躺著，在從面罩中呼吸氧氣的同時，可以順便研究航行圖，思索在空中可能面臨的景況。

U-2在桃園正式成軍後，除了美國高層官員會定期前來探訪外，另有一個特殊醫療小組也固定每年訪台，其中包括太空生理及心理專家，幫飛行員做測試，一方面是確定他們的體能狀況，另一方面，美國太空總署也想趁機了解在內太空飛行之後的身心反應。

註釋

註1：「U2 Spy Plane In Taiwan」，包炳光。

第八章

米格機擦身而過

「在這類飛行任務前，縈繞在心頭的不是遭遇危險的擔憂，而是對這種孤獨的預期心理。有時我會懷疑這份工作是不是全世界最棒的工作？結論總是無論孤獨與否，它不會無聊。」

——《夜航西飛》白芮兒．瑪克罕

（史上第一位單人由東向西飛越大西洋的飛行員。）

到了一九六七年，陪伴黑貓中隊六年的U－2C型已顯露老態，漆黑的機身外表開始出現裂痕，每飛行二十五小時，就得做一次全面檢查。

在前一年（一九六六年）秋天裡，美國軍方和中情局已決定向洛克希德公司訂購新的U－2，並要求改良。雖然新機種承襲了原先U－2A型的基本概念，但在整個設計上做了大幅調整，因此新機種命名爲U－2R型，R即「Revise」──「修正」之意。

最早問世的蛟龍夫人是A型（U－2A），接下來不同型號，性能略有出入：U－2B型開始有彈射裝置；一般正常任務中使用的都是C型；U－2CT爲經過改良後僅有的一架雙座訓練機；F型可在空中加油；G型則可在航空母艦上起降。

王濤和沈宗李在一九六八年初，前往加州愛德華（Edward）空軍基地受訓，正好處於兩種機型的過渡期。他們很快就發現，機翼加長了二十英呎的R型，不僅外表更耀眼，性能也遠比以往好。

R型馬力較大，雖然速度加快，卻更容易操縱。轉彎時，機翼可以向下壓到四十五度，不像從前，如果傾斜超過三十度，就有解體的危險。

機身也加長了三分之一，使機艙空間變大，不僅可以放進功能較佳的「零秒彈射椅」，也有更充裕的空間安裝最新式的電子反制系統，例如新的紅外線警告裝置「二十號系統」，可以幫助探測從後方來襲的敵機。正在受訓當中的沈宗李，當然不會想到這個裝置將在日後救他一命。

「零秒彈射椅」是指即使在「零高度，零空速」——也就是飛機靜止在地面的狀況下，仍然可以跳傘，無需擔心高度問題，座椅會自動向上彈出三百呎，以遠離機身。

由於載油量增加，R型可以持續飛行長達十五小時，但相對的，這也增加了飛機的重量。通常U－2R在加滿油時大約是四萬一千磅，幾乎是從前的兩倍重。

R型最大的優點，是令人頭痛的「棺材角」（Coffin Corner）現在多增加了五浬的容忍度。原本最高和最低速率之間，只有不到十浬的差距，現在則增大爲十五浬。

台灣飛行員在美國受訓的相關事宜，原本都由美國空軍負責，從早期的德州洛佛林基地、到後來在亞利桑那州的戴維斯蒙森以及圖森基地，都是如此。一九六七年李伯偉和黃七賢受訓時，則轉到加州毗鄰愛德華空軍基地的北場（North Base）營區，改由中情局主導。

愛德華空軍基地位於加州莫哈未（Mojave）沙漠中，附近有一片遼闊的乾涸湖床，長達三十五公里，幾乎是台北到桃園的距離；再加上該區杳無人煙，是U-2練習起降的絕佳場地，後來也曾作爲早期太空梭的試飛處。

後期的黑貓中隊飛行員，從李伯偉和黃七賢開始，都住在北場營區附近的小鎮——加利福尼亞市（California City）。或許是由於中情局初次接手，因此對這批外來的飛行員特別嚴格監管，甚至有時連上廁所都有人跟著。

不過，到了一九六八年上半年，當王濤和沈宗李赴美時，受到的待遇卻和前一批飛行員大不相同。

不再有人嚴格監管不說，通常每隔一星期，中情局人員還會帶著他們四處遊玩。四月份，由於黑人民權運動領袖金恩博士在田納西州遇刺身亡，爲了擔心遇上暴動，臨時取消了前往華盛頓特區的參觀行程。

要說最佳休閒遊樂地點，自然首推距離基地不算遠的拉斯維加斯了。六〇年代，正是美國大企業開始投下鉅資、在內華達沙漠打造賭城的年代。當時的拉斯維加斯大道（Strip）上，還沒有這麼多豪華壯觀的建築物，沒有獅身人面像、海盜船或小凱旋門，也沒有爲了吸引遊客而定時爆發的假火山和大型噴泉水舞，但已然是燈火通明的不夜城。

兩人遵照中情局指示，以來自夏威夷的商人自居。中情局出手甚爲大方，碰上既有酒量又有酒膽、素有不醉之名的王濤和沈宗李，有時光是餐前酒就喝掉一百多美金，而當時美國飛行員一個月的薪俸也不過大約兩千美元。

由於正好處在轉換機型的過渡時期，他們不僅要同時學習操作U－2C型和R型，又因爲兩者裝備不同，必須兩度前往波士頓近郊的大衛克拉克公司，分別量身製作一套舊式的「部份壓力衣」（partial pressure suit），以及適應R型的「全壓力衣」（full pressure suit），因此受訓時間長達十個月。

早期U-2C型時代，飛行員穿的「部份壓力衣」非常不舒服，如同前述，衣著內層裝有橡膠軟管，一旦機艙失壓，這些管子就會自動充氣，緊緊綁在身上，以維持人體內的壓力，即使在內太空極低的氣壓下，體內的液體也不致膨漲爆裂。爲了確保壓力衣達到保壓效果，製做時每個細節都極爲講究，難怪當時每套訂價就要高達二萬四千美元，這也是後來太空人裝備的雛型。

舊型的「部份壓力衣」十分悶熱，有時一趟長途飛行任務下來，光是流汗就可以讓人減輕兩公斤。

再加上那頂被美國飛行員鮑爾斯形容爲「如同打著一條過緊的領帶」一般令人難受的魚缸型頭盔，不但緊緊卡在脖子上，同時還在頸部一帶加墊了一層厚厚的橡皮圈，以防頭盔裡的氧氣外漏，飛行員如果想轉頭，還得用手來幫忙轉動頭盔。

很會流汗的黃七賢，曾經在某趟長途任務中，因爲橡皮圈的防漏效果太好，使汗水無法滴下去，結果積在頭盔裡，幾乎淹到嘴巴，成了名符其實的「金魚缸」。

邱松州穿著新型的「全壓力衣」在桃園進行求生訓練

相比之下，後期的飛行員要幸運多了，不必如此飽受折磨。新式的「全壓力衣」比較寬鬆，飛行員還可以自行調節衣內的溫度，雖然包得密不通風，卻十分涼爽。機艙失壓時，壓力衣會自動膨漲起來，如同把人包在一個和外界隔絕的氣囊中。

頭盔也改成以金屬環卡在壓力衣頭部一帶的圓形軌道上，便於轉動；頭盔上有透明和深色兩層護罩，深色護罩則有太陽眼鏡遮光的功能。厚重的手套也同樣改以金屬環扣在壓力衣上。

當飛行訓練告一段落，王濤和沈宗李被派往佛羅里達州接受求生訓練。U-2飛行員都有心理準備：隨時有遭到攻擊的可能，隨時有被擊落的可能。如果不幸被擊落，如果有幸及時跳傘，不論是落入水裡或山間，或甚至沼澤中，至少得知道如何求生存。（雖然中國內陸並沒有什麼沼澤，這依然是U-2標準訓練課程的一部分。）

那段期間曾先後發生好幾起劫持民航機事件，中情局不願冒險讓他們搭乘一般客機，要他們自行駕駛T-33教練機前往波士頓，再請當地空軍以C-130將他們送往目的地。

對酒當歌！軍人的快意豪情

坐在超大型的C-130運輸機上，兩人背窗而坐，望著足以容納坦克車的空闊機腹，不免覺得誇張了點。

佛羅里達有加勒比海地區的溼熱和明媚陽光，外海小島上，叢林沼澤間到處是蚊蟲，其嗜血程度令人不堪其擾。而且晚上睡覺時，一不小心就會從吊床上滾下來。縱然如此，訓練生活仍充滿樂趣，王濤還捉到一隻穿山甲，佐以隨身攜帶的中式醬料烹調，讓兩人以及隨行的老美教官大快朵頤一番。

Mission Continue

沈宗李就是我的父親。當年我父親和王濤去美國受訓時，我住在台北外婆家，因此，雖然我們兩家在桃園眷村只有一牆之隔，我第一次見到王濤卻是在台北。

據說那天，還不滿兩歲的我剛睡醒，他將我舉到肩頭上坐著。我對他說的第一句話是：「王伯伯，你喝醉了。」

也是據說，酒膽驚人的他，飯局前總會先聲明「我今天不喝，不要來灌我哦」！然而，尚未菜過五味，就已改口爲「你們怎麼都不喝？好，我來喝」！而結局也必定是被人扛回家。

近年來，他的身體狀況和精神不比以往，但談起U－2，銅鈴般雙眼放出灼灼光采，仍使我想起小時候對他的印象，正是「三國演義」當中張翼德的出場氣勢：「身長八尺，豹頭環眼，燕頷虎鬚，聲若巨雷，勢如奔馬！」

一九六八年的台灣夏夜，許多人徹夜不眠守在電視機前，興奮地看著金龍少棒隊在美國贏得世界冠軍。比起來，一般人對這一年裡的另一件大事——共和黨的尼克森以結束越戰爲號召，贏得美國總統大選——就沒那麼關心了。

尼克森任用主張「務實主義」的季辛吉爲國務卿，主張和中國「關係正常化」。外交天平已開始悄悄地傾向北京。

王濤和沈宗李在年底結束受訓後返國，隔年（一九六九年）春天，美方飛行員將全新的U－2R飛到桃園，取代原先的兩架U－2C。R型最初總共造了十二架，美國空軍和中情局各得一半。

在油箱加大後，R型的續航力可長達十五小時，不過一般來說，任務時間多半不會超過十小時。

曾經搭機作長途旅行的人，一定都有過類似經驗：起飛兩小時後，放眼望去除了白雲還是白雲，剛開始的新奇感逐漸褪去；到了五個小時左右，慢慢開始背脊發麻，雙腳腫脹；八小時還沒過去，早已感到無聊，越來越坐立難安。

或許U－2飛行員的生理感受和普通乘客大致相同，但飛行工作之繁複，根本沒有閒工夫讓他們覺得無聊。

他們不但必須隨時以下視鏡觀察四周情形，提防敵機來襲，更要經常留意蛟龍夫人的心情，注意機械狀況。同時，爲了使敵方無法捉摸，幾乎每十分鐘就要改變航向。

而且，U－2幾乎全憑目視飛行，飛行員得利用下視鏡觀察地形或顯著的地標，以對照航圖上的檢查點（check point），隨時修正誤差。假使偏離預定航線超過三浬以上，就可能拍攝不到主要目標，等於白跑一趟。

每當飛越航圖上的某個檢查點，飛行員必須立即塡寫飛行記錄（這也是爲什麼駕駛盤上需要插兩枝鉛筆的原因），並且按照飛行計畫執行命令，或是啓動相機，或是撥動A開關向基地報平安。

種種繁瑣工作，幾乎每分鐘都有事要處理，難怪曾有U－2飛行員自嘲像個記帳員，也使他們毫無閒情逸致欣賞腳下景觀。

基本上，從一九六七年之後，黑貓中隊就不再深入大陸內部，而是沿著海岸線前行，以特殊的H相機進行傾斜照相（之前使用的是B型相機）。南自東沙和南沙群島附近，偵察中國支援北越的動向；北至渤海灣，留意北方艦隊的調度。

飛行員在座艙中可以使用操縱柄來調整鏡頭角度，新式的H相機有四十五度傾斜角，遠從公海上就可以拍攝到海岸內五十浬範圍內的景象。

新相機的解析度比過去更好，即使是面積只有十平方公分、比一條手帕還小的物體，都可以照得一清二楚。

任務歸來後，首先將安裝在鼻輪前方的小相機「Tracker」的底片拿去沖印。Tracker固定每三十秒自動拍攝一張，相片上也有時間顯示，沖洗出來後，研判人員可以藉此推測所經過的地區，以判斷航線是否正確。

不進入內陸，不代表就不會遇到危險。

一九六九年底，王濤被派往北方出任務。將近正午時，經過浙江外海一個小島，從下視鏡中，可以很清楚地看見底下深褐色的岸際，波浪拍打，猶如鑲著一圈白色蕾絲。他小心地調整相機鏡頭位置，以免在大太陽下變成絕佳的聚焦鏡，燒壞機身。

忽然間，座艙中的九號和十三號系統同時發出短促的「嗶嗶」警告聲。原本在基地做航行簡報時，大家推測只有大城市附近才有飛彈基地，因此他認爲這是來自內陸的警訊，並未在意；沒想到過了五、六秒鐘，警告系統再度嗶嗶作響，這才知道飛彈竟來自下方的無名小島。

警告系統的顯示器上，第二象限亮起紅色箭頭，他立即向右方壓低機翼，結果第四象限也出現警告，他又再立刻向左轉，只見一個巨大的白色物體從旁轟然掠過，引得機身在強大的氣流中猛烈晃動。

震動間，只見右上方傳來耀眼紅光，飛彈在他右翼上方不遠處爆炸。這些飛彈碎片力道強勁，足以穿過三公分厚的鋼板，他很幸運的毫髮無傷。

這波攻擊中，共有三枚飛彈來襲。在閃躲的電光火石間，他握著駕駛盤，一個念頭閃過心底：「如果這時旁邊再來另一枚飛彈，就一下什麼都沒了。」

待定下神來，忽然豪氣大發，隨即按下A按鈕，向基地示意：「一切OK，Mission continue（繼續進行任務）！」於是回到原本的航路。

一路向北，並未遭遇其他攔截，在完成預定的照相任務後，回程仍得經過原來的地區，他刻意變更了路線，沒想到經過那小島時，警告系統竟又再度發出「嗶嗶」的警訊。

他暗自咒罵著，心想，第一次躲了過去，如果第二次被擊中，那才叫冤枉呢，同時趕緊壓低機翼閃躲。過了許久，並無動靜，這才知道對方只是虛張聲勢，或許已經沒有多餘的飛彈了吧。

和所有飛行員一樣，王濤也總是相信自己技術好、運氣也不差，飛彈什麼的這種事，一定不會輪到自己頭上。

一直到任務結束，返回基地降落後，方才那個生死交關的驚險場面，才忽然變得清晰起來：「啊！原來我並沒有被擊中！」

米格機從旁掠過

我不曾和父親並肩飛行，但我當然坐過他的車。

二〇〇〇年春天，我們奔馳於舊金山一〇一號公路上，前往醫院探望母親。

「刷！」我們超過一輛車。「刷！」又一輛。「刷！刷！」一路往前飈！起初，我忍著不開口，十指緊扣放在腿上。又超過一輛巴士時，我終於忍不住了：「嗯……，我們會不會開太快？」

「是嗎？」爸爸笑了出來，「大概以前飛戰鬥機習慣了，對這點速度沒什麼感覺。」

呃……還好沒讓交通警察聽到這番理由。

在比這更早的十年前，曾和他在紐約市轉搭二十人座的小飛機，前往上州的學校。（我當時到紐約唸研究所，他在華航擔任機長，特別申請飛那趟台北到紐約的班機。一直到很久以後，我都還被朋友取笑說：「是她爸開飛機送她去唸書的。」）山間氣流不穩，小飛機忽高忽低，彷彿在浪裡起伏，我抓緊扶手，緊張到胃痛，一眼瞥見隔壁的父親，正好整以暇地打著瞌睡。

我可以從他開車時對前方的凝視，察覺到那份專注；也可以從他放鬆的神情，感受到安定。但是，我想我永遠無法明白他對速度的感覺，以及無所畏懼的心境。

美國電視節目由黑白升格爲彩色，正好是洛克希德公司開始製造U－2的那年（一九五四年）；而桃園山頂村，一直到一九六九年，終於有了第一台彩色電視機。沈宗李花了大約一萬元台幣，帶回一台日立（HITACHI）電視，因爲是美軍供應的物資，比一般店裡賣得便宜。

帶回來的第一天，一群朋友早在家裡吃喝吵鬧的等著看彩色電視，沈宗李信心十足的自認可以將顏色調得更鮮艷，結果在轉動了所有可轉動的按鈕之後，螢幕變成不同色塊組成的大雜燴！

這年夏天，人們從電視上親眼看到阿姆斯壯踏上月球，開拓了人類的視野。

一九七一年暮春，沈宗李前往旅順、大連出任務。從江浙一帶往上飛，沿海大多是鹽田或小村莊，很少大城市，因此只能對照海岸線來判斷航路。然而，海岸線有時是會欺騙人的。他在之前的某次飛行任務中，依照航圖上標示的路線，在距離岸邊二十哩的位置往北飛；但接近目標機場時，卻發現拍攝角度和原本航行計畫不同，他只好臨機應變，趕緊調整相機角度。

待返回基地，大家仔細推敲，才發現原來當時正值退潮，海岸線向外退了五、六十哩遠。他對照岸邊地形，以爲飛在正確航線上，卻不知已被潮汐誤導。

有了那次經驗，他更仔細的對照航圖上每個檢查點（check point）。過渤海灣時已近正午，到了青島附近，他正以下視鏡查看下方地形，忽然二十號系統發出警告訊號，小小的螢幕上，紅色箭頭指向左方，表示有飛機從左後方攔截。遇到這種狀況，標準閃躲戰術是立即順著敵機來勢轉彎，他自然也這麼做。向左轉了四、五十度之後，警訊戛然而止。

他猜想這應該表示敵機已經過去，於是將飛機改平。眼看前方就是偵照目標，爲了回到原先的航線上，他開始朝右轉。沒想到，才向右轉，立刻警鈴大作，螢幕上同時出現指向左和向右的箭頭。他大惑不解，怎麼可能左右兩邊同時出現敵機？這不像米格機的戰術啊。

透過下視鏡，U－2飛行員經常會看到出現在下方的凝結尾，正是巡曳的米格機留下的痕跡。

其實，一般戰機只能飛到四萬多呎，對U－2並不構成直接威脅，但它仍不時尾隨其後，伺機而動。它打的算盤是：一旦蛟龍夫人脾氣失控，引擎熄火，便可趁它下降到較暖和的空層重新啓動時對付它。不過U－2的最大威脅始終還是飛彈。

如同在前面章節中所提過，吳載熙在一九六五年的飛行任務中，遭遇殲七以飛彈攻擊，加上之後陸續有其他類似的報告出爐，大家才驚覺戰機竟能衝到這麼高的地方，顯然對方已改變戰術，化被動等待爲主動出擊。

（當時吳載熙爲了閃躲殲七攻擊，轉向太多次，以致偏離航線，最後還是靠大溪監聽站監聽到大陸防空單位所報的U－2位置，才設法引導他安全返回基地。）

這種針對U－2所發展的新戰術，是由地面雷達站將巡航高度在四萬五千呎左右的攔截機，引導至U－2後方約四十哩處；此時攔截機開始加足馬力，到接近後方二十哩左右，便以二馬赫（Mach 2）的最大速度向上攢升，只要計算正確，將恰好來到U－2正後方，便可趁勢發射紅外線追熱式飛彈。

這時，竭盡所能的米格機已經沒有多餘馬力再往前飛，很可能引擎熄火，只得任其往下栽，在往下的途中再重新點火啓動。

根據美方研判，戰鬥機要攻擊U－2，只有使用這種「攢升戰術（zoom-up）」才可奏效。洛克希德公司特別爲此在U－2尾管上加裝了「糖杓子」，藉改變引擎排氣時所發散的熱源來躲避飛彈。

改良後的U-2R，更在機尾部分加裝了新式的雷達警戒系統二十號系統，可探測由後方出現的敵機。這套新裝置和米格機的第一場遭遇戰，就被沈宗李碰上。

飛行，一如賽車、衝浪、或縱馬奔馳，除了技術外，還要帶點直覺，在遇到突發狀況的瞬間，必須有足夠的定力冷靜判斷。

當沈宗李向右轉，回到原先的航線時，螢幕上先是亮起指向右側的橘黃色箭頭，緊接著指向左側的箭頭也亮了起來，並且很快轉爲紅色，表示敵機已在十浬之內，立刻就會近距離接觸。

耳機也傳來尖銳的唧唧警訊，活像爐上燒開的熱水壺放聲鳴叫；唧唧聲愈叫愈急促，熱水壺換成了鍥而不捨的啄木鳥，使勁敲擊他的太陽穴。頭上Oscar Sierra的紅燈不停閃動，同時嗶嗶大吼，再加上Bird Watcher系統嘎嘎作響——整個機艙活像一場氣氛詭異的熱鬧慶典。

他不顧一切，繼續以逼近飛行手冊上所警告的最大坡度四十五度向右轉。忽然間，所有信號停止，螢幕上沒有任何閃動的箭頭，頭盔裡也不再有怒吼的警笛，除了規律的引擎聲外，機艙裡沒有一點雜音。

他慢慢將飛機改平，四下無聲，但寂靜之中有一股無形的壓力。他等待著，卻不知道在等待什麼……

忽然從機頭下方傳來一聲巨響！他一驚，以爲飛機中彈，急忙穩住駕駛盤。再環顧四周，似乎並無異狀，飛機仍在掌控之中，儀表和發動機皆正常運作。

才轉頭向外張望，只見一塊巨大的銀色三角機翼，刷地劃過艙外。

那令人屏息的數秒鐘時間，猶如定格畫面，在距離約莫兩百公尺外，他甚至可以清楚看見對方座艙中的飛行員。

若時間差零點幾秒，或他繼續向右偏轉，又或者對方飛行員稍稍向內傾側，只要其中一雙握著駕駛盤的手微微顫動……這都將是個完全不同的故事。

擦身而過那一刻，對方飛行員在想什麼？家人？恐懼？還是和自己一樣，腦中一片空白？

他盯著那戰機，不到兩秒後，目送他翻身下墜，在眼前消失。

他十分了解，對方這種戰術，不只飛行員技術要好，地面攔截站也必須引導得當，才能使戰機在向上加速衝刺時，恰好抵達U－2正下方，這需要雙方有良好默契。他發現自己反倒升起一股敬意，正所謂惺惺相惜吧，雙方各爲其主，「他要攻擊我，本來就是他的任務」，只是慶幸自己未被擊中。

那著名的三角形機翼「Delta Wing」，清楚顯示對方是架米格二十一。在最初警告訊號亮起後，他先往左閃，後來又右轉回到原先航線，雖然破壞了對方的攔截軌跡，卻也縮短了兩者之間的距離，因此當對方衝上來時，幾乎直接撞上他。令人納悶、也可能永遠無法解開的謎題是，先前那聲巨響，究竟是對方發射飛彈，或是他的超音速音爆？

這架米格機屬於青島海軍航空隊，要進行這種攔截戰術，需要地面雷達站密切配合，因此不太可能同時派出兩架。而這種攻擊任務極度耗油，先前那架戰機一擊不中，多半沒有機會再做第二次襲擊。

沈宗李在心裡盤算一下，如果對方再派遣其他飛機，得重新計算所有航行資料，需要一段時間，那時應該已經遠離青島地區，除非前面旅順大連也派出米格機攔截。不過任務只進行一半，也顧不了這許多，他決定繼續朝北飛。

就像人生中大多數的難關一樣，一旦決定面對，問題往往迎刃而解。在他繼續前行和返航途中，沒有再遇到其他阻礙。

這是U-2在加裝二十號系統之後，第一次遇到米格機使用這種戰術攻擊，因此美國空軍特別重視這次經驗，反覆模擬當作教材。沈宗李在第一次向左閃躲時，其實只是將對方甩出信號範圍，並沒有眞正擺脫他，最安全的做法，是向左轉三百六十度兜一大圈。

後記

王濤在一九七二年春天，由劉宅崇手上接任黑貓中隊隊長。沈宗李則在出了十八次任務後，前往越南擔任空軍副武官。兩人後來皆轉往民航公司擔任機師。

第九章

側風十五浬

「對U—2，你得連哄帶騙外加使出混身解數來與之抗辯，最後還得搬出書上一切技倆來增加阻力、減少升力，以換得個平穩著陸。」

——Robert Gaskin〈Air Force Magazine（1977）〉

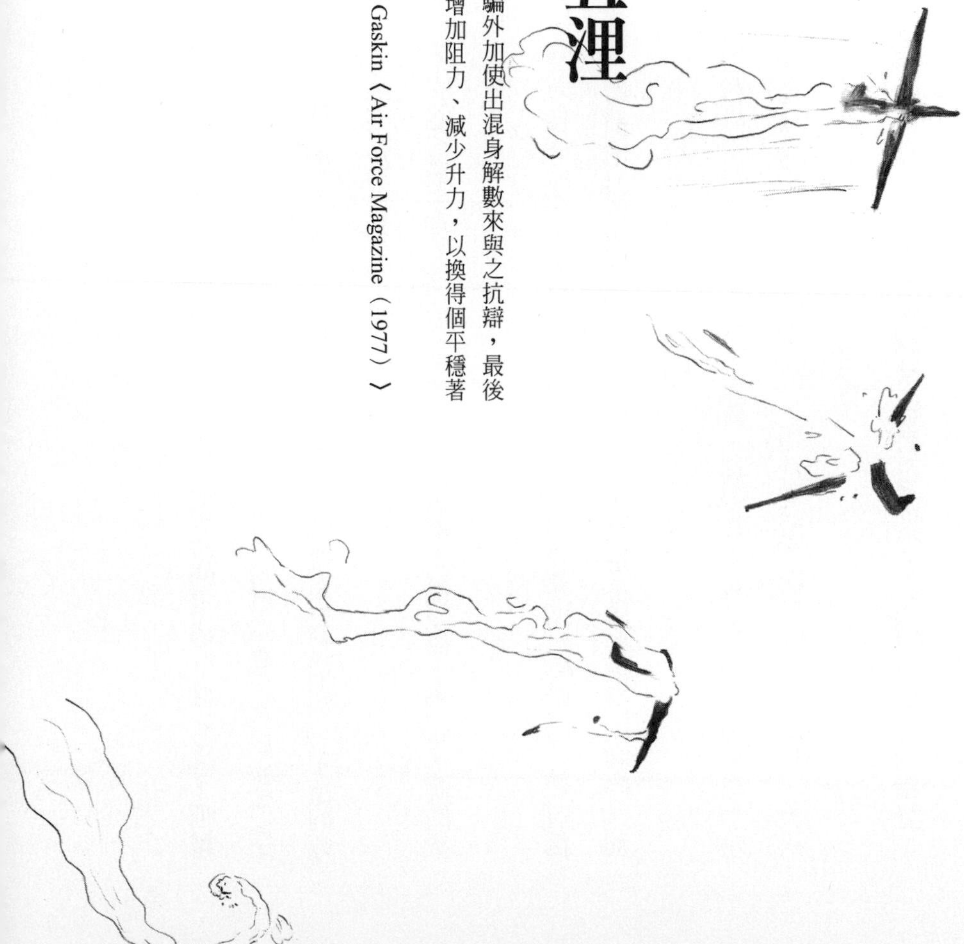

即使從二十一世紀的眼光來看，蛟龍夫人也依然算是相當奇特的飛機。最初爲了飛越蘇聯，必須攜帶大量油料，因此採用了凱利強森於一九四六年全美航空賽（National Air Race）時所做的一項革命性設計——「溼翼」（Wet Wing）——將機翼充當油箱。中空的翅膀內，除了靠近翼尖六呎的空間之外，其餘都裝滿燃油。

當騰空飛翔一段時間之後，裝在機翼裡的油料逐漸消耗，兩翼便會慢慢向上彎起，眞的像一隻巨鳥在風中緩緩擺動翅膀。

仔細打量這巨型鐵鳥，雙翼伸展開來，足有一百〇三呎長，只需藉助一點動力，便可御風而起。麻煩的是，這巨鳥顯然極力抗拒回到地面，一旦發現準備下降，便開始呻吟、顫抖、耍脾氣。

準備降低高度時，不僅要將馬力收到慢車（idle）位置，還得放下起落架和減速板以加快下降速率，即使如此，每分鐘也最多只能下降兩千呎。通常從七萬呎下降到一萬呎，大約需要三、四十分鐘，飛行員也只得耐著性子和座機角力。

飛慣戰機的飛行員，剛開始飛U－2時，最難調整的就是速度感，落地前總有種錯覺：

「這麼大一架飛機，飛得這麼慢，會不會掉下去？」F-100五邊進場時，速度是一百八十五浬，U-2卻只有七十二浬，有些人就是沒辦法接受這種低速的感覺，在訓練時，曾有人進場七次還無法落地。

也因爲機身輕，在落地前，一點點多餘的高度或速度，都可以讓它又飄浮好一段距離；再加上起落架是如同腳踏車般前後兩點式，本來就不容易著陸，而機輪的避震效果又太好，如果著陸時沒有保持仰角，而讓鼻輪先著地，就可能一碰到地面馬上彈跳起來，一彈起又會繼續飄行，而桃園跑道只有一萬呎長，飄著飄著就可能過頭，U-2所載油料有限，著地不成，最多也只夠拉起重新再試一次（go around）。

因此，當飛行員出完任務，千里迢迢歸來，雖然基地在望，還是無法完全鬆懈，一直要到安然落地，才能眞正鬆一口氣。

因爲機翼中有燃油流動，落地前必須設法調整，讓兩側燃油保持平衡，否則，如果重量不均勻，使機翼向一側傾斜，便可能導致飛機翻滾。

U-2這種難以駕馭的脾氣，加上黑貓中隊任務特殊，使它在許多方面都享有優先權。就拿落地這事兒來說，依照規定，U－2降落前，其他所有飛機都必須離開機場航道。

有一回，在U－2準備落地前，空中有架戰機表示油量所剩無幾，要求緊急降落桃園機場。在正常情況下，他應該享有優先降落權，但這次，出乎意料之外，航管人員竟丟給他一句：「改降其他機場！如果沒辦法，你就跳傘吧！」

不明究裡的飛行員，或許會認爲這群黑貓著實霸道，但是，如果他知道U－2降落有多困難，應該就能體諒塔台人員叫他去跳傘的心情吧！

一九七〇年十一月底，天氣雖然晴朗，卻已頗有寒意，黑貓中隊正在作例行的飛行訓練，沈宗李和美國作戰官史柏汀（Keith Spalding）坐在指揮車上，在五號跑道盡頭stand by。身爲當日待命的後補飛行員，沈宗李的工作是隨時準備接替執行任務，若一切正常，便在起飛前協助飛行員檢查座艙，然後在基地留守；在飛機快降落前，再開著通訊指揮車（Mobile）到跑道旁等候，隨時準備以無線電對講機向飛行員提示飛機高度，以協助降落。

空中還沒有飛機的影子，轉頭望去，路旁一大片蕃薯田，令人想起唸空軍官校時、初級訓練班所在的虎尾機場，整個機場包括跑道都是一片綠油油的草地。受訓時，教官下令罰跑步，幾個飛行學生跑著跑著，趁教官不注意，一個個溜進田裡挖蕃薯去了。

年輕的小飛行員湊在一起，調皮搗蛋的事如家常便飯，此刻坐在通訊指揮車上的沈宗李和正飛在空中的黃七賢，是官校裡的同班同學。有一回求生訓練課程，他們兩人一組被送上拉拉山，依照指示，必須自行設法在山裡度過一夜；哪想到他們竟摸黑跑到山下的復興鄉，在鎮上找了間小旅館，舒舒服服睡了一覺。長官終究不放心，派人前去探視，在山上找了一晚沒發現他們的蹤跡。第二天一早，正擔心時，只見兩人精神抖擻地回隊上報到，大家還直誇他們躲得好。

少不更事的往日回憶中，伴隨著地瓜的清甜，但時間不會爲美好的日子停留，也不曾駐足於悲傷的時光，就像那架U-2的身影掠過，空中不留痕跡。看，它愈來愈近了……

「Ten feet，five feet，three feet（十呎、五呎、三呎）……」沈宗李開始以無線電向黃七賢報告離地高度。

右側風時速大約十四浬，在正常範圍內，並無異狀。

飛機開始著陸，前輪觸地的瞬間，忽然跳了起來；由於機頭偏向右方，飛機有右傾的趨勢。沈宗李抓著無線電大喊：「小心右側風，飛機向右偏。」但飛機已偏出跑道，衝進草坪。

「快修正！」念頭還來不及轉成話語，只聽見引擎急速轉動，發出刺耳的噪音；機頭忽然抬起，以巨大的仰角企圖向上爬升，猶如困獸奮力一博，但無力的左翼卻在地面拖行。此時，右側一陣強風，飛機頓時往左翻滾墜地，立即起火燃燒。

坐在駕駛座上的史柏汀驚叫「Oh, my God！」竟呆住了。沈宗李跳下車，繞到駕駛座旁將他一把推開，開著指揮車逕直衝過去，只見一片火海。

十年前，郗耀華在這裡失事；十年後，黃七賢再度在此發生意外。推斷原因，兩件事故非常類似，都可能是在降落前，未能將機翼裡的燃油保持平衡，以致重心傾向一邊，最終失去控制而墜毀。

這是U－2在桃園基地的最後一起事故。

側風來襲

「風隨興而吹，」聖約翰曾詩意地描述這種看似神祕的自然現象，「你聽見風的聲響，卻不曉得它從哪裡來，要往哪裡去。」雖然我們現在了解，冷、暖空氣之間的流動產生風，卻依然無法確切掌握它的行蹤。

鳥類藉著風力自由翺翔，帶給法國人靈感，在一八九〇年代發明了滑翔翼。而U－2，說穿了，其實是一架「由引擎推動的滑翔機」。

爲了能夠飛得高，U－2機翼面積特別大，後端的直尾翅也特別高。這些先天條件，使它無法承受過強的側風力量；再加上它在降落前，爲了減低速度，必須將機翼的阻板完全伸出，以增加迎風面，一旦側風過大，便會增加操作上的困難。

洛克希德公司在經過多次試飛後，曾特別提出警告：U－2在降落時，側風風速最大不能超過十五浬，否則很難安全著陸。手冊上建議，在這種時候，如果沒有其他緊急狀況，最好改落其他機場。

就像一九七二年夏天，錢柱由渤海灣出任務歸來那次，基地同僚都爲他捏了把冷汗。

桃園機場通常在夏季時分側風最大，且大多為東南風。那天從午後開始，跑道上的側風就很強勁，最高陣風二十一浬。

基地指揮中心以無線電通知錢柱目前風速，並告訴他可以轉落台中清泉岡機場，但也含蓄的表示：這次任務特殊，「上面很想馬上拿到資料。」

錢柱並不清楚這趟任務內容，但他在心裡盤算一下，如果改落其他機場，得把相機裝備卸下，再運回桃園，不知道要浪費多少時間，還是先試桃園吧。基地半開玩笑的對他說：「你把飛機落下來，可不要撞到障礙物，飛機撞壞沒關係，別把相機砸了。」

側風呼嘯著從左方襲來，時強時弱，飛機像匹頑劣的野馬般上下跳動，不斷被風往右側推擠。他握緊方向盤，希望控制住這匹野馬，他知道什麼時候得勒緊韁繩、什麼時候得稍微放鬆，一切都要看時機……他只希望自己能抓準那時機。

為了保持在航線上，他刻意將機頭朝左擺，若在正常情況下應該會朝左方前進，但此時強勁的側風自動將他推回原來的航線。就這樣隨著側風不斷往左修正，幾乎如像螃蟹一般斜行。

如果一直維持這種角度，接觸跑道那刻一定會馬上翻覆。隊長劉宅崇坐在通訊車裡，緊張的不斷用無線電教他如何操作。他握著駕駛盤，專心傾聽耳機中同僚報出的高度：「ten feet，five feet，three feet……」

就是現在！著地前一剎那，他猛地向右轉，讓機頭對準跑道，前後兩個輪子安穩落地。但也就在飛機擺正的一瞬間，側風毫不放鬆的繼續吹襲，將他推向右方。跑道不過一百五十英呎寬，飛機瞬間內就可能衝出跑道——就像之前的黃七賢、和更早之前的郗耀華一樣——立刻就會起火燃燒。

在輪胎著地的同時，他再度使勁扭轉駕駛盤，左側機翼立刻應聲打在地上，翼尖下方的鋼片（Skid）在跑道上磨出長長一條刮痕，座艙罩也啪地一聲彈開。

終於，引擎咆哮聲、以及刺耳的金屬磨擦聲都靜止下來，只有風還呼呼吹著。飛機安然停止。

著地以來的一連串動作，彷彿過了好長一段時間，其實才不過十幾秒鐘。錢柱坐在機位上，望著急奔而來的地勤人員，輕輕呼出一口氣，戴著皮手套的手輕輕拍著駕駛盤，彷彿

從左至右為：錢柱、沈宗李、劉宅崇、王濤、邱松州

在安撫一匹狂奔方歇的野馬。

終於到家了。

錢柱這種應付側風的技巧，僅適用於U－2，因為它的兩個輪子是在機身，而非機翼下方，比較容易壓低機翼來接觸地面。這種時候，安裝在翼尖的鋼片Skid便派上用場了。Skid是一片大約十五公分厚的鋼片，由於U－2翼展過大，著地後不可避免會拖在地上，在翼尖安裝這塊鋼片，可以避免飛機著陸時損傷翅膀。

至於在強烈的側風中落地，訣竅之一就是錢柱所使用的「crab（螃蟹式）」——以側航來修正側風的影響；另一種則是儘量把側風面的機翼壓低，以反舵來保持直線進入跑道。

黑貓中隊自從改為在沿海進行偵察照相之後，便打破了「出滿十次任務就可以離隊」的默契，因此後期許多人出過十多趟任務，尤其以錢柱的二十一次為最高記錄。

在遇上強勁側風的同一年（一九七二年），有一回他往南海出任務，在海南島附近，機上的警告系統響起，表示島上飛彈已鎖住目標。他才剛往左方傾側，準備逃逸時，忽然座艙罩刷一聲掀開飛走，冷空氣立刻吞沒失壓的機艙。

他眼前一黑，所幸壓力衣很快便充氣膨脹起來，身上的壓力一恢復，人也清醒過來。機艙內失壓，感覺好像即將要爆炸，驚惶之下，正想檢查儀表板，才發現眼前一片白霧，什麼也看不見。這是因爲溫度忽然下降，壓力衣裡的熱氣一接觸到外界冷空氣，立刻在面罩上形成霧氣；更糟的是，這霧氣還是結在內層的面罩上，而在這樣的低壓中，是說什麼都不可能掀開頭盔來擦拭的。

過往的訓練和經驗告訴他，此刻，無論如何都必須保持鎮靜。深吸了兩口頭盔中的純氧，他抓穩方向盤，憑感覺判斷飛機並沒有失速，於是趕快先將飛機改平，警告系統仍兀自鳴叫著，也無暇顧及了；座艙罩彈開並不是因爲受到敵方攻擊，多半是某處機械故障吧。

壓力衣勉強有一點保暖作用，但過不了多久，肩頭感到涼颼颼的酸冷，他趕緊將暖氣調到最大，然後降低座椅，儘量避免直接吹到冷風。許久，面罩上的霧氣才慢慢散去。

他看看儀表板，估算一下，應該已經遠離海南島，離恆春只有大約一百哩，於是向左迴轉，慢慢收油門，降低飛行高度，平安飄回基地。

自動駕駛

當年葉常棣在美國受訓，第二次飛行訓練時，在四萬多呎空中使用自動駕駛控制，做轉彎時，不知什麼原因，飛機竟然自己在空中滾轉了一圈。他一愣之下，趕緊鎮定下來，控制住速度，他很清楚U－2和戰機不同，一不小心就會解體。

返回基地後，大家對他的故事半信半疑，因爲以U－2的結構，根本無法承受玩這種特技動作。但機腹下方的相機所拍到的照片證明了一切——飛機的確做了一次大坡度的滾轉。究竟是怎麼回事？機械人員也查不出所以然，只能說是蛟龍夫人一次忘形的演出吧。葉常棣卻始終認爲，機上的自動駕駛系統一定有問題。

U－2在低空時，多半靠飛行員以手動操作，但在高空中，飛機能容忍的超速和失速間差距只有十哩（R型爲十五哩），因此必須依靠自動駕駛儀，否則很難飛行。其困難程度，就像在高速公路上連續開車七、八個小時，沒有定速裝置，卻想保持速度一致、高低相差不超過五公里一樣。

一九六九年初，張燮往河北沿海進行夜間任務。在爬升到六萬七千呎時，地面指揮室收到Bird Watcher的信號，顯示U-2的自動駕駛儀被解除。那段期間，飛機自動駕駛儀經常小有狀況，因此指揮室並未太在意，但是沒多久，就傳來飛機超速的訊號，高度也跟著下降，隨之而來的是一片寂靜。指揮室一再呼叫，沒有任何回應，飛機就此失去蹤影。

直到一年多後，一艘日本漁船在琉球群島附近捕魚時，打撈到些許飛機殘骸，以及一具已被鯊魚啃噬大半的屍體。破損的壓力衣上，依稀可辨領口的號碼，依據編號，證實確是張燮。

在這種情形下，無法從飛機本身查證失事原因，根據推斷，自動駕駛儀在高空因爲不明原因解鎖，飛機在空中解體，導致Bird Watcher訊號中斷。

第十章
Cowboy Pilot

「戰爭絕不是眞正的奇情冒險，它只是冒險的代替品——要有情義關係的建立、問題的解決、創造力的累積，才有所謂的冒險可言。」

——《戰鬥飛行員》安東尼・聖艾修伯里

U-2的偵察任務中，除了拍攝照片外，也收集電子情報。在高空飛行時，機翼下的接收器對準中國大陸，可以接收到六、七百哩外的電波，遠及蒙古地區，特別是從微波中，可以收聽到許多語音訊息。

機上的電子儀器可以同時記錄二十二個頻道的資訊，這些收集來的電子資料和相片，被送到位於美國華盛頓特區的跨部門小組「國家相片解析中心（National Photographic Interpretation Center）」，交由專家研判。這些情報專家的分析能力令人嘆為觀止，就像在一九六六年盛夏，中國大陸曾宣傳毛澤東巡遊長江，專家分析照片後認爲，在江上的應該只是替身，絕非毛澤東本人，因爲兩者「耳朵形狀不同」。

一九七一年，台灣海內外掀起轟轟烈烈的保釣運動。這場以大學生和海外留學生爲主的運動，對當代年輕人影響甚爲深遠，後續震盪反映在許多層面。表面上看起來，同時期的海峽對岸似乎平靜得多，不過，在文化大革命之後，各國使館多半撤離了北京，因此外界並不眞正了解中國內部的情形。

九月十二日晚間，似乎只是另一個普通的秋夜，但過後，當美方情報單位解讀U-2於當晚所收集到的訊息時，卻意外發現，當晚中國大陸空防系統陷入極不尋常的緊張狀態。這當然不會是針對在沿海飛行的U-2，因爲不僅各區的攔截機和攔截武器都處於待命戒備狀態，所有飛行活動也都被勒令停止。一整晚，中國上空瀰漫著焦慮不安的氣氛。

美方根據這些訊息，大致拼湊出事件的輪廓：當時中國國防部長林彪私下和蘇聯修好，企圖發動政變奪權，因爲事跡敗露，而在九月十二日夜裡匆忙搭乘三叉戟座機逃亡，最後在內蒙古墜毀。

林彪事件過後六個星期，美國國務卿季辛吉於十月份再度密訪北京，在情報單位爲他準備的錦囊裡，自然包括這項重要機密。而在他此行之後沒多久，聯合國大會就以七十六對三十五票，表決通過承認中華人民共和國的席位，中華民國隨即宣佈退出聯合國。

冷戰期間，中國大陸和美國之間的外交關係，從彼此仇視到化敵爲友，被史學家喻爲政治版的「求婚儀式」，因爲大半時間是在祕密中進行。

美國外交教父季辛吉一向主張和北京「關係正常化」；而中國大陸自從在一九六〇年和蘇

聯公然決裂後，邊界衝突時起，幾乎在一九六九年春天釀成戰事，由於飽受蘇聯威脅，逐漸向美方靠攏，雙方可謂一拍即合。

季辛吉趁著在一九七一年七月訪問泰國、印度和巴基斯坦時，佯稱腹痛需要休息，結果神祕失蹤，卻現身北京，和毛澤東、周恩來會談。這是他首度秘訪中國，打破中美自冷戰以來的僵局。

在此同時，美國大兵正在越南戰場上，為捍衛「民主正義」與越共廝殺。

隔年（一九七二年）二月，美國總統尼克森也水到渠成訪問北京。雖然並未正式建交，但雙方都同意在外交上加強互動，美國也允諾逐步撤離在台灣的軍隊和軍事部署，當然，也包括U－2任務在內。

在先前季辛吉的密訪中，中國總理周恩來便提出條件，要求美國解散黑貓中隊，做為友好的象徵。因此尼克森到北京之後，即承諾將停止派遣偵察機飛越中國。

無論如何，邱松州在一九七一年加入黑貓中隊時，U－2仍然是美國收集中國大陸情報的最主要來源。

在我見過的黑貓隊員中，邱松州是極少數帶著本省口音的，難道三十五中隊有省籍情結？我向他提出這個問題。然而實際上正好相反，當時軍中最擔心的是飛行員因爲想家跑回大陸，本省籍的反而不會有這問題。

但邱松州「報效國家、而非黨」的觀念，在當時也算少見，會像他一樣公開嗆聲的就更少了，難怪在軍中的時候，他還曾因此被禁止參加閱兵。「你這樣還能被黑貓中隊選上？」我滿懷疑的。「反正我也不會跑過去（投奔大陸）。呵呵呵！」

這邊、那邊，你對、我錯！他在時代的錯置中感到無比困惑。他父親原是彰化的小地主，在家理所當然說閩南語，後來父親到廈門做官，便隨他到那兒讀日本學校，回台灣唸書後開始學國語，進了空軍學英文……語言反映歷史的更迭，今天公認對的事，明天卻變得有問題。小時候向日本天皇敬禮，長大了反共，而現在，「孫子去過上海、美國、峇里島，卻沒回過彰化老家。」何爲「是」？何爲「非」？「爲蔣家拍到故人墓地，就叫盡忠？」

看來，我的來訪，勾起他……不，不只是他，或許是他那一代人共同深藏在心底的迷惑。如果看不透時空因緣，一代一代會繼續這樣困惑、矛盾下去吧。

無論如何，從他的例子來看，黑貓中隊選人確是以飛行技術爲主。而參加黑貓中隊的日子，也開拓了他的視野——到美國接受訓練，看到先進的裝備、老美的做事方式，也看到高層的相爭。從一個鄉下囝仔，飛到先進科技的飛機，他始終未曾改變信念：「做什麼像什麼，要做就做到最好！」

就在季辛吉首次密訪中國（一九七一年七月）後沒多久，邱松州被派往旅順、大連出任務。他沿著海邊偵照，回程時，經過上海附近一個小島，從空中望下去，像青綠色果菜汁中的一粒葡萄。忽然雷達螢幕閃起紅燈，顯示地面發射飛彈。

在出發前的例行簡報中，都會提出飛彈可能埋伏的地點，要飛行員留意，但這個位於外海的島嶼，只是一個很小的孤島，上面並沒有村落，以往也從未有過飛彈蹤跡，因此未被注意。很顯然這批飛彈是衝著U-2常走的路徑所安置的。

他一見警告燈亮起，立即轉彎。桃園基地控制室也從Bird Watcher上同時收到警告訊號，焦急地不斷以無線電對講機呼叫：「Michael－Michael－」他苦不堪言，忙著閃躲，哪有時間回話。此時飛彈正以兩馬赫的速度呼嘯而來，如果機翼下壓角度過大，容易造成失速，但傾側角度太小，又可能躲不過飛彈。飛機才側彎，只見一旁兩道白煙轟地向上衝去！

他瞪著那煙塵，心想：「嘿！他們玩眞的耶！」地面指揮室嚇壞了，又開始呼叫他，直到他回話，指揮室同僚才鬆了口氣，接著又問：「那你現在怎麼樣？」他回覆：「再回去照啊！」一副理所當然、什麼事也沒發生的樣子。指揮室不再作聲。

他沒有轉回航線、直奔基地，反而繞了一圈往回走，心裡只想著方才沒注意，這下可要對準這地方好好拍個照。

調轉頭來，從下視鏡望出去，只見小島上方仍瀰漫著一片濃煙，可以想見方才飛彈發射時的咆哮聲，以及沖天的火焰。相機鏡頭隨著下視鏡轉動，將他看到的情形完全記錄下來。

黑貓中隊後期從外海進行傾斜照相，因此機腹相機改裝爲H-camera，相片解析度也比以往更清晰，連路邊的交通標誌都看得一清二楚。他針對這小島所拍攝的相片，對日後研判地圖和決定航線都有很大幫助。

既然躲過一劫，爲什麼還要折返這個危險地帶？「其實當時也沒想這麼多啦！只是估計大概不會有其他飛彈，而且也覺得應該這樣做，就轉回頭啦。」典型的黑貓式回答——我只是做我該做的事，沒什麼啦！

這一折返，所有行程都被打亂，和當初飛行計畫完全不同，又得忙著重新推算後半段航程。

回到基地後，同僚們親熱地圍上來又是握手又是拍肩，還奉上一個蛋糕給他壓驚，更妙的是上面插著一根飛彈形狀的蠟燭。有人半開玩笑半是佩服地稱他爲「Cool Hand」Michael，大概是因爲這番行徑，令人聯想起保羅紐曼在一九六七年「Cool Hand Luke」（鐵窗喋血）這部影片當中的硬漢性格吧。

事後，參謀總長賴名湯特別頒發獎金五千元，還爲他在基地的美軍招待所開了一場party。

基地的美軍招待所一向是黑貓隊員及家眷的最佳消遣去處。星期五是Happy Hour，下午五

輕鬆時刻——「洋拜拜」

點後酒錢全免，大夥兒（當然，除了待命的飛行員之外）有時從傍晚就開始聚會喝酒，然後共進晚餐，再欣賞餘興節目，是黑貓隊員所期待的「洋拜拜」，當時的名歌星趙曉君等人都曾應邀前來表演。到了星期六還有免費牛排，更別提那六十磅重的烤肋排了。蔣經國也曾帶著蔣方良夫人以及蔣孝文夫婦前來參加過聖誕節的慶祝活動。

雖然中、美雙方的負責單位，都不希望彼此的工作人員在生活上往來過於密切，但是同處於一個隊上，很自然的便發展出革命情感。每個週末，老美也會加入「拼酒」，場面之熱鬧不在話下。

何況這次聚會，又是爲了慶祝邱松州歷險歸來。同僚和眷屬們聚在一塊兒吃喝玩鬧，又起鬨推牌九賭錢，「Cool Hand」Michael手拿威士忌，大方的從獎金中抽出一千元，分給在場女士們做爲賭本。

三十多年後，談起那場往事，大夥兒歡樂的笑鬧聲彷彿還在耳際，其間依稀傳來威士忌杯中的冰塊匡啷作響。邱松州直率的嘲弄自己是一個「cowboy pilot」（牛仔飛行員），全憑一股勁兒地往前衝。

然而，正是這群年輕氣盛的cowboy pilot，縱橫在遼闊的高空荒原中，寫下無數冒險事蹟，向未知的疆域、也向他們自己挑戰。

第十一章

訓練紀事：The Snake-Catcher

「有時我會飛去沙漠，沿著泥巴公路上追尋這種低飛的樂趣。偶爾傾斜垂直下降，來個漂亮的大轉彎，瞬間拉起並保持機翼的平衡。但是空中的景緻非常豐富，不論高飛或低飛時都好看，讓我一直喜歡飛回去看看。」

——《飛行在雲端》William Langewiesche

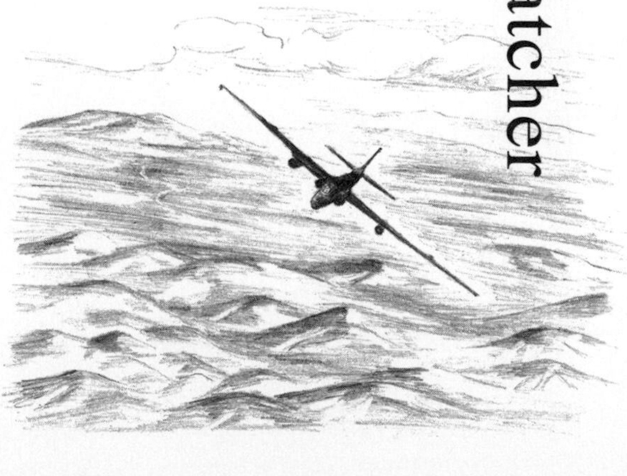

他屏氣凝神，悄悄地一步步靠近，山中某處傳來婉轉的鳥鳴聲。他手起棍落，正壓住一條蛇的七寸位置，那蛇憤怒地扭動著長長的身軀，尾巴沙沙作響，竟是一條響尾蛇。

在緊張的U-2飛行生涯中，最令人回味無窮的精彩歷程，莫過於求生訓練了。求生訓練是一般飛行員的基本科目，作戰中，如果被迫得在野外生活時，能儘量維生，就多一分獲救的希望。U-2的標準求生訓練包括四個項目，除了山地之外，還有湖泊、沙漠和沼澤。這日，美國教官帶著魏誠和另一名飛行員（未完訓），前往加州的優勝美地（Yosemite）進行「山地求生」項目。他們揹著釣竿，準備捉魚來佐餐，結果教官走在前面，兩人卻在後頭抓起蛇來了。

個頭不高的魏誠，個性就像小孩，膽大頑皮在空軍是出了名的。小時候住在屏東鄉下，在野地只要看到蛇，便一把抓了扔進T恤裡，揣著到處跑。當了飛行員之後，在宿舍養蛇不說，還曾經在嘉義隊上和空軍眷屬組成的「彩虹隊」打籃球時，忽然從口袋抓出一條蛇，把一千女球員嚇得尖聲怪叫。

有了過往的經驗，他哪會將手上這惡名昭彰的響尾蛇看在眼裡。伸手去抓時，那響尾蛇張大了嘴、吐著蛇信，露出尖銳的白牙，毒液順著往下滴。他走回車旁，順手按著牠的頭，將兩枚尖牙靠在輪胎上刮了兩下。

正忙著將牠綁在汽車天線上，見蛇頭歪在一旁，便伸手過去撥弄，忽然手上一緊，像被什麼東西鉤到的感覺，低頭一看，左手食指尖端多了個小洞。他暗叫不妙，趕緊將蛇牢牢綁好。

就在這時，教官聽說出現響尾蛇，立刻趕了回來。魏誠伸出食指：「The snake bit me.（蛇咬了我一口。）」

教官臉色刷地發白，放低了聲音慢慢的說：「Joe，不要開玩笑，如果你真的被響尾蛇咬到，我們根本沒法救你。你知道，現在開車下山至少要四個小時。」

魏誠看看已經奄奄一息的蛇：「牠有咬到我，可是好像不太嚴重，大概我把牠的毒液也刮得差不多了吧。」

教官二話不說，立刻開車回營，一路提心吊膽不在話下。到了營地，他並未發作，似無大礙，於是當場表演了一招剝皮剖腹，讓大家享用一頓蛇肉大餐。

晚上，教官把兩人遠遠分開，要他們各自用降落傘搭成營帳。到了半夜，山裡溫度陡然下降，魏誠冷醒過來，縮在床上怎麼也睡不著，只好步出營帳，一面打著哆嗦一面升火。黑暗籠罩著整個森林，四下一片寂靜，忽然看到遠處林中出現另一團火光，他心裡覺得好笑，一定是同伴也被凍得爬起來烤火吧。

這一年，一九七二年的夏天，德國慕尼黑奧運會發生震驚國際的「黑色九月」事件，巴勒斯坦恐怖份子劫持並殺害了十一名以色列運動員。美國總統尼克森，則在年初首度正式訪問北京。

「世界發生這麼多大事，」魏誠心想，「如果就這樣被響尾蛇咬死，豈不辜負當初加入U-2的心意？」又想到，當初決定加入黑貓中隊時，沒敢告訴父母，他們根本不知道自己到美國受訓的目的。父親也是老空軍，不曉得他會怎麼想？

就著火光，看看食指，尖端一個小黑點，像顆痣，隱隱有些腫脹的感覺，卻也沒什麼其他不舒服，心想大概死不了，於是就這樣坐著，聽著木柴在火焰中劈啪作響……

第二天早上，教官帶著他們往深山走，教他們用步伐來測量距離：知道自己一步有多寬，就知道走一百步是多長距離。然後給他們一個目標點，告訴他們朝南走一哩半，找到一棵大樹，就會找到下一個指示。如此，按照一站站得到的指示，最終便能找回營地。

兩人拿出羅盤，乖乖的依照方向前進，一面計算步伐；每走一百步，就在紙上做個記號。根據指示，很快的找到了前兩個目標，但在前往第三個目標時，卻發現中途必須穿越河谷。兩人商量半天，斷定多半是教官給錯指示，既然走不下去，只好往回走。在山裡摸索半天，居然被他們找回營地。

老美教官Ray正坐在涼椅上閉目養神，看他們這麼快就回來，大吃一驚，後來才發現他們根本沒找到後面幾個目標物，便要他們重走一遍。

魏誠不服，爭辯說：「我們在沒有目標提示的情況下，都還能找回營地，這樣還不算合格啊？」

Ray搖頭說不行不行，不能這麼簡單讓你們過關。

魏誠說：「如果我們找不到第三個目標，結果在山裡迷路的話，你還得去找我們，那爲什麼不現在換你去山裡走一趟當作找我們？」三人吵來吵去，最後Ray嘆口氣，舉手宣告投降。

山訓結束後，回到愛德華空軍基地，大家一看到他們就問：「Who's the snake-catcher？（那個抓蛇的人是誰？）」原來捕蛇事蹟早已傳遍基地。

經過週末休息之後，接下來輪到沙漠求生訓練。出發前，航空醫官拿來一個紙袋，慎重地遞給魏誠：「Joe, this is for you.（這給你。）」原來是血清。航醫說，有這麼多批U－2飛行員來過這裡，在求生訓練時，還從來沒有人需要帶血清出門。

魏誠打開袋子，裡面有兩個小瓶：「One for me, one for Dick？（一個給我，另一個給Dick？）」航醫拍拍他肩膀：「不，兩份都是爲你準備的！」

沙漠求生訓練的地點，是在內華達州境內的死谷（Death Valley）。這是一片黃土礫地，乾燥枯寂，了無人煙，果眞名符其實。

開著小卡車進入沙漠，抵達目的地後，教官拿著一條布，在車旁東綁綁、西弄弄，搭成一頂遮陽棚。他頗爲滿意地拿張椅子坐在陰影下，慢條斯理地說：「在沙漠裡，想做任何事都必須等到夜晚。」便丟給他們一人一個降落傘，叫他們自行設法休息。

環顧四周，烈日高張，沙地一片滾燙，兩人傻了眼，這要如何休息？魏誠無可奈何，只有頂著太陽在沙地挖出一個淺坑，將降落傘蓋在上頭，又抓了些在風中打滾的乾篷草，鋪在上下兩層之間，然後將救生艇自動充氣，再塞進降落傘中。

他擠進去躺在救生艇上，雖然還是悶熱，至少隔絕了太陽直曬。他盯著頭上橘紅色的塑膠傘面，不一會兒竟然眞的睡著了；直到教官呼喚，起身一看，太陽彷如一顆橙色的蛋黃，正慢慢沉入地平線。

大家這才開始搭建正式的帳篷。教官教他們在沙裡挖個洞，下面放個小碗，沿邊鋪上塑膠布，再插根吸管，將露出外面的一端捏緊；如此太陽一曬，地底水汽蒸發上來，便會凝結在塑膠布上，待累積多了，滴進碗裡，就可以從吸管吸取。如果實在沒有水，也只好將尿液裝進去，至少蒸發後可以飲用。魏誠聽得直翻白眼，心想假使碰到這種狀況，不如一槍把自己打死算了。

還好訓練中帶著足夠的飲用水，甚至還有一個小冰箱。教官從冰箱取出一塊牛排，將它切成片，利用降落傘的繩子吊起來曝曬。在沙漠裡如果捕捉到蜥蜴或其他動物時，如法炮製，就能製成肉乾，可以長期擺放不會腐壞。

沙漠中夜色荒涼，星空格外璀璨，放眼望去，只有幾棵仙人掌孤伶伶的身影。教官要兩人練習脫逃，發給他們一人一個羅盤，然後分別帶往不同起點，告訴他們朝某個方向前進，目標是遠方一池水潭。如果被追蹤而來的教官抓到，就得回到出發點重新來過。

在夜裡只能靠星辰指引：先以羅盤確定方向，再從天空找一顆星來定位，然後朝著它前進。由於地球以每秒二十五哩的速度運行，星辰會慢慢移動，因此只憑一顆星定位不可靠，還必須再找位於它上方的另一顆星作爲輔助。

教官一聲令下，魏誠拔腿向前衝，跑了好一陣子才停下來喘口氣。沙漠裡一片寂靜，保持著千萬年來的緘默，他凝神傾聽，又再度往前跑。

兩人在途中會合，偕行往前走。再停下時，聽到不遠處傳來沙沙的腳步聲，兩人緊貼地面，不敢發出絲毫聲息。夜色極爲濃厚，如果不動聲色，即使有人從旁經過也不會被發覺。他們像貓一樣安靜的趴在地上，只見教官走來，四下張望，然後走了過去。聽到教官腳步走遠，兩人仍不敢大意，跑跑停停的隨時留心週遭環境，直到望見火光，看見教官在燈火下看書喝咖啡，才放心地衝過去。同行的安全人員早已將小卡車開來，也煮好晚餐。兩人衣服一脫，跳進水潭痛快的游起泳來！

和曝曬在乾涸沙漠中的待遇完全相反的，是水上求生訓練，場地位於內華達州和加州之間的太豪湖（Lake Tahoe）。幽靜的湖水，憩息在洛磯山叢山峻嶺間。

魏誠穿上全套壓力衣，揹上拖曳傘，被汽艇拖著飄上六百呎空中；到了湖中央，教官解開拖曳傘纜繩，讓他掉落水中。他裹在笨重的壓力衣裡，在水面上上下下掙扎，這才領悟教官所說果然沒錯——唯一對策就是放鬆。浮在水上不要亂動，才不會浪費體力。

這堂課是訓練飛行員在跳傘落到湖川或海洋時的求生技巧——穿著壓力衣要如何上救生

艇？上船之後又怎樣將壓力衣脫掉？當然，通常發生意外而不得不跳傘時，不能期望會很快獲救，所以在這堂課裡，飛行員必須先在沁涼的湖水中泡上兩小時再說。可想而知，被接上岸時，大家的臉色多半青如湖水，只聽到兩排牙齒不聽使喚地格格作響。

又過了一個週末，這回，他們橫跨新大陸，來到位於東南角的佛羅里達州。抵達之後，還得再搭乘小船前往附近的小島。兩名中情局人員送他們到碼頭，魏誠一本正經地說：「來接我們的時候，不要忘了兩手各提半打啤酒在這裡等我。到時候如果沒看到啤酒，我一定把你丟到海裡去。」兩人笑著向他們揮手道別。

小島上散佈著棕櫚樹，潮溼、悶熱，典型的佛羅里達沼澤區，是進行求生訓練最後一項科目的最佳場地。

一踏上小島，有備而來的魏誠便從岸邊撿回許多海螺，拿出隨身攜帶的調味料，當場生火爆炒起來。老美教官在一旁大搖其頭，認爲那麼硬的螺肉必定難以下嚥，待聞到香味，也不由吃得口沫橫飛。

入夜後，教官要他們在沼澤中選定兩棵樹，綁好吊床，再將撐起的帳篷包在外面。睡在沼澤區的吊床上，必須謹記在心的是：千萬不要隨便亂動！萬一翻身摔下來，可別怪人沒警告你底下是河沼，而且有鱷魚出沒。

這才只是開始而已。第二天，教官划條小船，帶他們深入叢林，這裡大部分是未開發的原始地區，有股瘴癘之氣。船槳撥水聲中，夾著禽鳥穿過林間的長鳴，水面偶而可見枯木般的鱷魚脊背，也不知是教官說的較具攻擊性的crocodile（長鼻鱷）、還是相比之下外皮較柔軟的alligator（短鼻鱷）。

進入叢林後，教官發下紗帳和手套等各種裝備，要兩人分開紮營。

剛睡進帳篷，上半夜還覺得頗為新鮮，有種魯賓遜在蠻荒叢林歷險的感覺。但睡著睡著，開始有點不大對勁，先是左手發癢，接著彷彿有東西拂過臉頰，下意識反手一拍，把自己打醒過來，赫然發現手臂上腫了好幾個大包。拿出手電筒在帳篷裡一照，天吶！篷頂角落黑壓壓的一片，全是蚊子。

一夜無眠，好不容易撐到天色微明，衣服都還來不及穿，唏哩呼嚕的將刀片、磨刀石和其他求生裝備往帽裡一掃，捧著就往外跑。到了海邊，暖風一吹，才終於擺脫蚊蟲襲擊。

老美教官兀自好整以暇的坐在樹林裡，臉上搭條毛巾，偶而伸出手來輕輕揮動，驅趕頭臉上的蚊蟲。他出身自綠扁帽部隊，經歷過越戰，曾在溼熱的叢林中和敵人搏鬥，哪裡會將這種小場面看在眼裡。

他指一指爐火，說已經煮好咖啡，要他們自己來取用。兩人明知教官想騙他們進樹林，但又實在口渴，只得鼓足勇氣，趕快衝進去倒了杯咖啡，胡亂加些牛奶白糖，又劈哩啪啦衝出來。才不過幾分鐘時間，身上凡是沒有布料遮掩的地方，一概被叮得都是包；頭臉脖子不說，就連袖扣下的一小圈開口處也未能倖免。從此兩人除了晚上不得不進帳篷睡覺外，平時打死也不肯再踏進樹林一步。

而晚上即使有蚊帳，也無力抵擋蚊子兵團。教官警告他們絕對不能用手拍打，否則血氣將招來更大群生力軍。接下來幾夜，魏誠顧不得悶熱，全身裹緊衣服睡覺，還拿著DDT往身上亂噴，卻似乎一點用也沒有，整個臉被叮得腫了一圈。那一身疱，直到返回基地數日仍不消，可知其厲害。

不過，除了蚊子大軍擾人之外，島上生活悠閒寫意，頗有野趣。教官教他們在降落傘繩上綁個鉤子，便可權充釣竿，到河裡釣魚為食；又教他們剖開棕櫚樹，取當中的芯來吃，味道近似竹筍。島上雖然也有木瓜，卻不堪食用，當中果肉薄如桔皮。

與蚊蟲搏鬥的魯賓遜生涯，轉眼度過一星期。依舊乘著小船，回到來時的港口，等著迎接他們的中情局人員，果然依約拎來一打啤酒。還等不及上岸，魏誠在船上就衝著他直叫：「扔下來！扔下來！」接過啤酒，嘩啦啦地倒進他在島上自製的竹杯中，大口喝將起來。

回到文明世界，當夜自是大吃大喝一頓，第二天才返回加州基地。

談到求生訓練，每個人都有一籮筐趣事。最後一期的蔡盛雄和易志強在進行山地求生訓練時，教官發給他們一人兩罐飲料。到了晚上來檢查，拉環呢？蔡盛雄回答：「Somewhere.（某處吧。）」教官正色道：「怎麼可以亂丟！萬一被敵人找到不就暴露了行蹤？不行，回去把它找回來！」

已經走了一整天，蔡盛雄累得要死，想要賴，教官很有禮貌的說：「OK, Sir，沒關係，

You'll be back home in three days.（那你在三天內就可以回家了。）」

怎麼辦？只能回去找吧，但幾小時前丟的，哪裡找得到。一不做二不休，索性將手裡剩下兩罐水的拉環先扯下來交差。不過第二天走起路來可就慘了，水邊走邊灑。教官也清楚他們的把戲，第二天倒沒再逼他們交出另外兩個拉環。

晚上各自搭好帳篷，教官吹哨要他們集合：「長官，明天要早起，請早睡。」一一向他們敬禮後，大家一起幫忙把火滅掉。黑暗中，蔡盛雄、易志強忽然發現不妙，帳篷搭在哪裡？結果摸黑找了幾小時都沒找到。

魏誠十足頑童性格，且有股傻氣，答應購買朋友公司的股票，明知市面價格已不值錢，仍堅持答應了就要做到，硬是將道義擺中間。結婚時早已離開三十五中隊，仍請來老隊友、素有「沈不醉」名號的沈宗李幫場，果見他勇往直前、酒來將擋，眾人酒酣耳熱之餘，只見新郎奪過酒杯高聲抗議：「我找你來擋酒是擋別人，不是擋我的！」自是開懷暢飲，不醉無歸。

這樣的活寶，把個受訓生活過得熱鬧非凡。

從台灣前來美國受訓，經過體檢、上語言學校、量身打造壓力衣，再加上求生訓練等等，一般要在四、五個月後，才是眞正的飛行訓練。期間偶而也飛一下T-37雙座小教練機，一方面維持對飛行的敏銳感，一方面也趁機感受一下小飛機的速度，因爲以往飛的都是快速度的戰機。

坐上U-2，第一堂課先練習滑行。將機翼用pogo撐起，靠著機身前後一大一小的輪子，在平坦的乾湖上練習向前滑動。

就像初學騎腳踏車一樣，一開始左搖右晃，抓不到重心；慢慢的，終於能夠保持平穩，然後逐漸可以滑成一直線。學會控制方向後，再移到跑道上練習，直到確定不會滑出跑道，才可以正式飛行。

那一日魏誠排在第二個練習滑行，等到坐上飛機一加油門，竟似乎立刻就要飛了起來。原來前面一個人練習時已經消耗許多燃油，飛機重量減輕，因此稍微加速便開始飄浮。

他趕緊收油門，但後輪的外皮不知是脫落或什麼問題，不住顫動而無法控制，機翼大幅搖擺，眼看就要衝出湖床，他一踩剎車，兩個主輪當中因爲飛機傾側而未觸地的那個輪胎，此時忽然受到摩擦，立時應聲爆破，飛機往前直衝進沙漠才停下來。

事後教官奚落他：「怎麼把我們的飛機當海灘車來開！不過這次是因爲輪胎本身有問題，也不能全怪你啦！」

基地有條不成文規定——如果飛行員在飛行中造成爆胎，得送一箱啤酒給維修人員，爲增加他們工作上的額外負擔致歉。

飛機停在地面時，「飛行」只是一個夢想，如果沒有機務人員，它將永遠無法成爲現實。沒有哪個飛行員會願意得罪機械師。

但這次情況特殊，連酒也免罰了。

第一次正式飛行時，爲了保密，整個基地都放假，偌大的營區只剩下少數相關人員留守。前來受訓的飛行員，都住在北場營區（North Base），範圍很小，只有幾間房舍，而另一頭的主營區卻很大，是一處重要試飛場地，跑道有一萬兩千呎長，而且末端和沙漠相連，即使滑出跑道也不致造成太大影響。

第一趟飛行，主要目的只是感覺一下飛機性能。U-2都是單座機，教官只能駕著另一架小飛機跟在一旁指導。

練習過轉彎之後，接下來是「失速」項目：飛行員逐漸放慢飛機速度，到了感到難以控制時，就是即將失速的感覺。

根據教官的說法，開始覺得飛機傾斜時就是快要失速了。因爲失速必定是從其中一邊機翼開始，一旦失速往下掉，另一邊機翼就會跟著失速，這時得趕緊修正。

結果當飛機開始傾斜時，魏誠一將它扳平，忽然整個飛機失速，歇斯底里的一頭往下栽。飛機這麼往下一衝，重力加上速度，馬上就會超速，他心想這下完蛋了，只聽到無線電中嘰哩嘎啦傳來一大堆急迫的話語，他知道那是駕著另一架小飛機跟在一旁飛行的教官發覺出了問題，正緊張地下達一連串操作指示，無奈他頭昏腦脹一句也聽不進去。

總算他反應快，一發現往下墜時，忽然福至心靈，立刻收油門、放減速板，不讓它繼續增加速度。

這和從前所學的飛行原理完全相反。通常一般飛機失速時，要先加油門，有了速度才可以操縱；但由於U-2太過單薄，很容易造成超速解體，因此非但不能加油門，還得減速。

他一面減速，同時慢慢帶機頭，終於把飛機拉了起來。陪同他們前去受訓的王濤正在通訊車上，也捏了把冷汗，直以無線電追問怎麼回事，他只簡單的回覆道：「沒有啦，改回來了。」心裡可緊張得很。

落地後，指揮官對他說：「Joe，我相信今後在你飛U-2的生涯中，再也不會把飛機飛成這樣子了。」他嘴上說著是是是，心想：「還飛成這樣？嚇都快嚇死了！」

U-2一旦眞正失速，是很難修正回來的，不像其他機型在剛失速時還能顫抖著在空中掙扎一陣，它根本就是一頭往下栽！而且在重力加速度超過二G時，如果猛然使勁拉機頭，還會立刻造成飛機解體。此時唯一的對策只有保持冷靜，謹愼地、慢慢將機頭帶起。

沒想到，對於U-2這種有時不按牌理出牌的個性，他的逆向操作法還眞的管用。

三十多年倏忽而過，那段純粹享受飛行樂趣的受訓時光，有時鮮明恍如昨日，有時，猶如夢幻泡影。留下來最眞實的紀念，只有左手食指上，一個如痣般、永不褪去的小黑點……

第十二章

收山

「報國懷壯志，正好乘風飛去。」

——中華民國空軍官校校歌

王五將大刀一揮，格開劫鏢盜賊的長劍，兩人殺得難分難解……

魏誠和蔡盛雄都是光棍，晚上還窩在基地的招待所看連續劇，忽然大門「吱」地一聲推開，兩人回頭看時，原來是隊長王濤開完會回來。他經過電視機前，停下來看了兩眼，意味深長的丟下一句：「大刀王五啊？要封刀啦！」魏誠和蔡盛雄對看一眼，不知道是什麼意思。

一開始，U－2是爲了探測蘇聯軍事狀況而製造的。它帶回來的相片，使美國高層得以洞悉對手實力，不致隨著對方叫陣而起舞，多少節制了漫無止境的軍事競賽。更重要的是，在敵對的氣氛中，由於能知己知彼，不但化解許多衝突，也避免了極可能一發不可收拾的核子大戰。

「蛟龍夫人」問世，意味著傳統間諜戰退居次要地位；新的諜報戰，將由高科技主導。

在數起國際爭端中，例如前述的古巴飛彈危機，完全靠U－2蒐集情報；蘇伊士運河事件，U－2及時提供精確的資訊，使決策者得以擬訂完善的軍事策略。直到一九九一年的波灣戰爭，它仍扮演著吃重的情報蒐集角色，即使比起晚輩——新一代的SR–71，也毫不遜色。SR–71可以飛到八萬呎高空，飛行速度接近三倍音速，能夠「拍了就跑」，卻也因爲速度的緣故，使拍攝到的相片較爲模糊，不如U–2清晰。

U–2一開始打的幌子是「太空總署用來研究氣象的新式飛機」，這個障眼法竟成爲一種預言。自一九六七年起，它所拍攝的某些高空相片，被允許和美國聯邦政府其他部門分享，最主要的用途是探勘環境資源。

例如一九六九年初，加州聖塔芭芭拉外海油井外洩，U–2便曾在美國內政部要求下，協助調查對環境造成的傷害。一九七一年二月份，洛杉磯發生大地震，U–2也被派遣前往拍照，以評估破壞程度。

它曾攝取美國各州的畫面，涵蓋本土三分之一以上的面積。除了用於研究土地發展、了解人口和農業的分佈情形之外，也用來偵測天然災害，例如洪水肆虐的範圍，或是在發生森林大火時，提供救火員切斷火勢的途徑。

阿拉斯加就曾和十個聯邦單位合作，使用U–2拍攝全州的相片，建立起一個完整的檔案，可以提供專家調查境內的自然資源、以及野生動物分佈情況。

一九八七年，NASA（美國太空總署）旗下的U－2被派往南極偵測臭氧層的損害程度，登上報紙頭版新聞，一躍成爲環保英雄。當時U－2由智利南部出發，前後飛越南極大陸十二次。雖然飛行員事先受過極地求生訓練，但大家心裡都明白，假使飛機故障，就算成功跳傘，恐怕也很難在冰雪封天的南極大陸存活。

不過，這些都是後話。當蔡盛雄和易志強於一九七三年加入三十五中隊時，並不知道自己將成爲末代黑貓隊員。

對於飛行，有些人就是懷著難以言喻的憧憬，蔡盛雄正是其中之一。但是他要達成夢想，卻比其他人困難許多。

多年前，他曾兩度投考空軍，卻毫無回音，始終想不通究竟哪關沒通過。後來才發現，原來兩次錄取通知單都被母親偷偷攔截下來。

蔡盛雄的大哥也曾是空軍飛行員，在飛F-86時不幸失事，這是蔡媽媽永遠無法平復的傷痛；聽到另一個兒子也想飛行，心裡的驚慌是可想而知的。但她的眼淚到底未能阻止蔡盛雄，第三次投考，他就不顧一切的報到去了。

被黑貓中隊選上、派往美國受訓時，只敢告訴母親是到美國唸書。但不管如何掩飾，他要飛偵察機的消息，在人多口雜的眷村中，終於還是傳到了蔡媽媽耳裡。她緊張之餘，直接撥了通電話給空軍總司令陳衣凡。

於是有一天，蔡盛雄在加州上語言課時，發現來了名稀客，情報署署長臧錫蘭專程前去找他。在一起過了幾天，臧錫蘭始終不知如何啓齒，後來才委婉的說明原委，要他回國。

他堅持不肯，最後還是留了下來，但從此，即使在山裡做求生訓練，也必定每星期寫一封信回家報平安，只是仍瞞著母親，一口咬定自己在「進修」。而母親夾雜著日文的來信，多半是叮嚀他要吃飽穿暖。

到他回台灣正式出任務後，有一天，帶著牙膏般的太空食物回家，蔡媽媽才知道自己被矇在鼓裡。或許她心裡一直存著懷疑，只是不敢去面對罷了。

易志強和蔡盛雄在美國受訓時，美國教官極爲嚴格，飛行員在發動引擎、準備起飛前，只要有一點小小疏忽，便立刻下令關機。理由是，還在地面就出錯，一旦起飛執行任務，壓力將高出不知多少倍，到時一定更容易犯錯。

而U－2任務是承擔不起任何一點小錯誤的。

他們受訓結束時，以、阿兩國正好再度爆發衝突（一九七三年十月），美軍徵調兩架U－2前往中東支援，因此延遲了他們返國的時間。

回國後，兩人才各出了一、兩趟任務，便聽說「由於燃油不乾淨，即將暫停飛行」。

用了這麼多年，怎麼會忽然出問題？魏誠嘀咕著。

事實上，當易志強和蔡盛雄正在美國受訓的那年夏天（一九七三年八月），美國政府已通過中情局提案，準備在一年後結束局內的U－2業務，這當然包括和台灣之間的「快刀計畫」。至於中情局和U－2相關的其他工作，則轉交給美國空軍執行。

依照當年台灣和美國之間的協議，任何一方要中止「快刀計畫」，必須在提出一年後才能正式生效，以免對方措手不及。當時美國已經利用人造衛星拍攝相片，特使帶著相片和蔣經國商談，提議中止U–2任務，並保證繼續提供偵察相片，蔣經國終於不得不同意。

基本上，在這一年過渡期裡，黑貓中隊出動的頻率非常低，有時飛飛停停，一、兩個月不曾出任務；再後來，連例行的飛行訓練都暫停了。

一九七四年初，美國和北越簽訂了停戰協議，一整年裡，桃園基地的五號跑道特別冷清，隊員們都或多或少聽到一些有關停飛的傳聞。

五月二十四日，邱松州在傍晚飛行歸來。當他脫去頭盔步下座機、完成任務的同時，其實也正爲黑貓中隊長達十三年、共計二百二十一次的偵察飛行任務寫下完結篇。

到了夏天，全中隊放假三天，一同前往烏來雲仙樂園旅遊。當時的空軍總部人事署署長烏鉞也特地前來，鄭重向隊員們保證，在黑貓中隊解散後，將遵照各人意願重新分發。這時的黑貓中隊，除了隊長王濤外，還剩下五名隊員，分別是錢柱、邱松州、魏誠、蔡盛雄和易志強。

十月間，長空如洗，天清氣爽。當外界正熱鬧的慶祝光復節時，黑貓中隊默默掩上門，正式結束十三年來的特殊任務。

中隊官印被磨平，文件束之高閣，飛行員轉調其他單位。三十五中隊如同隊徽上的黑貓一般，不動聲色的到來，又悄無聲息地離開。

十一月一日，三十五中隊從空軍編制中撤銷，這段歷史就此塵封，僅留下神祕的傳聞。

冷戰時期，在美國外交政策擺盪於台北和北京之間時，黑貓中隊的任務，充分反映了中美關係的冷暖變化。在中國大陸密集發展核子武器的年代，U-2任務頻繁、也最深入內陸地區。

而當美國和北京在一九六七年華沙會談後，U-2的任務密度便逐漸降低，偵察範圍也退到沿海上空。一九七二年尼克森的中國之行，則等於預告了黑貓中隊的任務即將畫上句點。

但是在尾聲中，因爲一些插曲，使這個句點畫得並不圓滿。

三十五中隊準備結束時，需要將留在桃園基地的兩架U-2送還美國，原本計畫由隊上較資深的邱松州和錢柱直接駕機飛到夏威夷，成行前，高層卻忽然下令停止。

原來，美國雖然依照承諾，陸續送來有關中國大陸的高空偵察相片，但是解析度極差，和當初磋商時美方特使所帶來的相片根本無法相比。可能因爲先前的相片有經過美方解析處理，而台灣並沒有這樣的儀器和解析能力。

最後，還是由美方派了湯姆列森（Tom Lesan）和傑瑞席特（Jerry Shilt）兩名飛行員，前來將U－2飛回夏威夷。

國際間的糾葛，並不影響兩國飛行員之間的同僚感情，至少，寬闊的雲端上並沒有這些政治的恩恩怨怨。蛟龍夫人此去，就將在中華民國空軍史上成爲絕響。

兩架U－2，是在蟬聲長鳴的七月中離開的。依舊是長空如洗，飛行員全身裝備進入機艙，由黑貓飛行員幫忙檢查儀器。易志強確定一切正常後，便向湯姆打趣道：「到夏威夷希坎姆（Hickam）空軍基地要飛十三小時，到時你的屁股一定都坐扁囉！（You'll have a flat butt.）」

湯姆頂著大金魚缸頭盔，只能略爲頷首表示同意：「沒錯。（You bet.）」

易志強拍拍他肩膀：「那就祝你好運啦！（Wish you good luck then.）」便蓋上艙罩。

兩架U－2從桃園基地絕塵而去，以一百五十浬的時速飛向天空，不久，便望不見蹤影了。

U-2即將離開桃園，雙方飛行員在機場道別（楊世駒提供）

後記

這本書是許多人共同完成的。

感謝多位長輩向我訴說他們的故事並提供資料，包括楊紹廉、包炳光、楊世駒、華錫鈞、張立義、葉常棣、莊人亮、范鴻棣、王濤、錢柱、邱松州、魏誠、易志強、蔡盛雄，當然，還有父親沈宗李。也感謝高興華先生不吝分享多張他收藏的珍貴相片及資料，爲本書生色不少。同樣在空軍眷村長大的高先生，經常四處在跳蚤市場收集眷村文物，所得或捐贈博物館、或設法歸還原主；近年更熱心奔走，爲陳懷在大陸的親人爭取其遺書和遺物。此處承他提供的相片和資料，是他四處走訪老空軍及家屬（包括歐陽漪棻、鄒寶書、吳載堯及陳懷好友張光正等）或文史館所得。

本書編輯繆沛倫，小時候曾聽父親提過有這麼一個黑貓中隊，其中某位飛行員被擊落云云。當時他覺得像天方夜譚，沒想到有一天竟偶然成爲這書的編輯。感謝他奇佳的耐心與細心，無論我如何一改再改，總是滿臉笑容的輕鬆接招，並給予不少好建議。書中的插畫是好友邱怡華的傑作，還記得小時候在台北碰面，兩人在軍車內外爬上爬下、跑進跑出，最後以手指夾傷收場；後來在紐約再見，她已從美術系畢業。由她畫插圖再適合也不過了，因爲她的父親也是老黑貓的一員。自始至終，這本書就是由熱愛飛行的一群人所共同成就的！

本書即將付梓，我卻覺得工作還未結束。我打算，在可能的範圍內，將新書一一送到殉職隊員的家屬手上，讓他們知道，他們的丈夫、父親或兄弟，曾有過一段多麼不平凡的人生。面向高空，我們只能仰望。願往者安然長眠，生者心懷平安。

也但願，戰事永寧！

大事記

1959／05	第一批六名隊員赴美受訓，九月完訓返台
1959／08／07	台灣八七水災
1960／05／01	美國U－2飛行員鮑爾斯在蘇聯被擊落
1961／01	第一架U－2飛機抵達桃園
1961／02／01	三十五中隊於桃園正式成立
1961／03／19	郗耀華於桃園進行夜航訓練時失事
1962／01／13	黑貓中隊首次深入中國大陸任務，飛行員陳懷
1962／09／09	陳懷於南昌附近被擊落
1962／10	古巴飛彈危機
1963／11／01	葉常棣於南昌附近被擊落俘虜
1963／11／22	美國總統甘迺迪遇刺身亡
1964／03／23	梁德培於高空訓練中失事
1964／07／07	李南屏於漳州附近被擊落
1964／10／16	中國大陸成功試爆第一枚原子彈
1965／01／10	張立義於包頭附近被擊落俘虜
1965／10／22	王政文於高空訓練中失事

1965／11／10　歷史劇「海瑞罷官」揭開中國大陸長達十年的文化大革命序幕
1966／02／19　吳載熙於訓練中失事
1966／06／21　余清長於訓練中失事
1967／05／07　莊人亮赴羅布泊進行「Tabasco」任務
1967／08／31　張燮赴羅布泊進行另一次「Tabasco」任務
1967／09／09　黃榮北於嘉興附近被擊落
1968／04／04　美國民權運動領袖金恩博士遇刺身亡
1968／05／01　捷克「布拉克之春」自由化運動，八月蘇聯入侵捷克
1968／05／16　黑貓中隊最後一次深入中國大陸任務，飛行員范鴻棣
1969／01／05　張燮於出任務時失事
1969／07／21　美國阿波羅十三號登陸月球
1970／11／24　黃七賢於訓練中失事
1971／02／21　美國總統尼克森訪問中國大陸
1971／09／13　林彪事件
1971／10／25　中華人民共和國加入聯合國，中華民國退出聯合國
1972／06／17　美國水門事件
1974／05／24　黑貓中隊最後一趟任務，飛行員邱松州
1974／07／18　中情局結束「快刀計畫」
1974／11／01　三十五中隊撤銷編制

黑貓中隊歷任隊長

盧錫良 1961~1963
楊世駒 1963~1969
王太佑 1969~1970
劉宅崇 1970~1972
王濤 1972~1974

參考書籍／文章（依出版順序）

◆Black Magic（Michael O'Leary／Eric Schulzinger—1989）
◆Dragon Lady（Chris Pocock—1989）
◆黑貓中隊（包柯克（Chris Pocock）／翁台生—1990,04）
◆The CIA And The U-2 Program 1954-1974（Center for the Study of Intelligence—1998）
◆NRO History（National Defense University—1998,09,17）
◆Spyplane: The U-2 History Declassified（Norman Polmar—2001）
◆U2 Spy Plane In Taiwan（包炳光—2002,02,10）
◆The Black Cat Squadron（華錫鈞—2002,09,01）
◆飛鳴鏑：中國地空導彈部隊作戰實錄（陳輝亭—2005,03,01）
◆永遠的黑貓——紀念U-2飛行員黃榮北（黃榮南—2007,09,08）
◆前仆後繼的勇士：黑貓中隊吳載熙烈士殉職處（高興華—2008,12,13）
◆現場採訪回憶：第一次擊落U－2間諜飛機（新華網，資料來源—中國空軍政治部宣傳部）

參考網站

- Roadrunners Internationale　http://roadrunnersinternationale.com/
- 高興華部落格　http://tw.myblog.yahoo.com/u2dh
- Top Gear Flight in U－2（U－2高空飛行實錄）：http://www.flixxy.com/u2-worlds-highest-flying-airplane.htm

LOCUS

LOCUS

LOCUS

LOCUS